U0155861

天下印书 杭为上

顾志兴 著

杭州出版社

图书在版编目（CIP）数据

天下印书杭为上 / 顾志兴著 . -- 杭州 : 杭州出版社 , 2022.1
（杭州优秀传统文化丛书）
ISBN 978-7-5565-1706-0

Ⅰ . ①天… Ⅱ . ①顾… Ⅲ . ①印刷史—杭州 Ⅳ . ① TS8-092

中国版本图书馆 CIP 数据核字（2021）第 278466 号

Tianxia Yinshu Hang Wei Shang

天下印书杭为上

顾志兴　著

责任编辑　王　凯
装帧设计　祁睿一
美术编辑　章雨洁
责任校对　陈铭杰
责任印务　姚　霖
出版发行　杭州出版社（杭州市西湖文化广场32号6楼）
电话：0571-87997719　邮编：310014
网址：www.hzcbs.com
排　　版　浙江时代出版服务有限公司
印　　刷　杭州日报报业集团盛元印务有限公司
经　　销　新华书店
开　　本　710 mm × 1000 mm　1/16
印　　张　11.5
字　　数　141千
版 印 次　2022年1月第1版　2022年1月第1次印刷
书　　号　ISBN 978-7-5565-1706-0
定　　价　55.00元

序　言

文化是城市最高和最终的价值

我们所居住的城市，不仅是人类文明的成果，也是人们日常生活的家园。各个时期的文化遗产像一部部史书，记录着城市的沧桑岁月。唯有保留下这些具有特殊意义的文化遗产，才能使我们今后的文化创造具有不间断的基础支撑，也才能使我们今天和未来的生活更美好。

对于中华文明的认知，我们还处在一个不断提升认识的过程中。

过去，人们把中华文化理解成“黄河文化”“黄土地文化”。随着考古新发现和学界对中华文明起源研究的深入，人们发现，除了黄河文化之外，长江文化也是中华文化的重要源头。杭州是中国七大古都之一，也是七大古都中最南方的历史文化名城。杭州历时四年，出版一套“杭州优秀传统文化丛书”，挖掘和传播位于长江流域、中国最南方的古都文化经典，这是弘扬中华优秀传统文化的善举。通过图书这一载体，人们能够静静地品味古代流传下来的丰富文化，完善自己对山水、遗迹、书画、辞章、工艺、风俗、名人等文化类型的认知。读过相关的书后，再走进博物馆或观赏文化景观，看到的历史遗存，将是另一番面貌。

过去一直有人在质疑，中国只有三千年文明，何谈五千年文明史？事实上，我们的考古学家和历史学者一直在努力，不断发掘的有如满天星斗般的考古成果，实证了五千年文明。从东北的辽河流域到黄河、长江流域，特别是杭州良渚古城遗址以4300—5300年的历史，以夯土高台、合围城墙以及规模宏大的水利工程等史前遗迹的发现，系统实证了古国的概念和文明的诞生，使世人确信：这里是古代国家的起源，是重要的文明发祥地。我以前从来不发微博，发的第一篇微博，就是关于良渚古城遗址的内容，喜获很高的关注度。

我一直关注各地对文化遗产的保护情况。第一次去良渚遗址时，当时正在开展考古遗址保护规划的制订，遇到的最大难题是遗址区域内有很多乡镇企业和临时建筑，环境保护问题十分突出。后来再去良渚遗址，让我感到一次次震撼：那些“压”在遗址上面的单位和建筑物相继被迁移和清理，良渚遗址成为一座国家级考古遗址公园，成为让参观者流连忘返的地方，把深埋在地下的考古遗址用生动形象的“语言”展示出来，成为让普通观众能够看懂、让青少年学生也能喜欢上的中华文明圣地。当年杭州提出西湖申报世界文化遗产时，我认为是一项需要付出极大努力才能完成的任务。西湖位于蓬勃发展的大城市核心区域，西湖的特色是“三面云山一面城”，三面云山内不能出现任何侵害西湖文化景观的新建筑，做得到吗？十年申遗路，杭州市付出了极大的努力，今天无论是漫步苏堤、白堤，还是荡舟西湖里，都看不到任何一座不和谐的建筑，杭州做到了，西湖成功了。伴随着西湖申报世界文化遗产，杭州城市发展也坚定不移地从“西湖时代”迈向了“钱塘江时代”，气势磅礴地建起了杭州新城。

从文化景观到历史街区，从文物古迹到地方民居，众多文化遗产都是形成一座城市记忆的历史物证，也是一座城市文化价值的体现。杭州为了把地方传统文化这个大概念，变成一个社会民众易于掌握的清晰认识，将这套丛书概括为城史文化、山水文化、遗迹文化、辞章文化、艺术文化、工艺文化、风俗文化、起居文化、名人文化和思想文化十个系列。尽管这种概括还有可以探讨的地方，但也可以看作是一种务实之举，使市民百姓对地域文化的理解，有一个清晰完整、好读好记的载体。

传统文化和文化传统不是一个概念。传统文化背后蕴含的那些精神价值，才是文化传统。文化传统需要经过学者的研究提炼，将具有传承意义的传统文化提炼成文化传统。杭州在对丛书作者写作作了种种古为今用、古今观照的探讨交流的同时，还专门增加了"思想文化系列"，从杭州古代的商业理念、中医思想、教育观念、科技精神等方面，集中挖掘提炼产生于杭州古城历史中灵魂性的文化精粹。这样的安排，是对传统文化内容把握和传播方式的理性思考。

继承传统文化，有一个继承什么和怎样继承的问题。传统文化是百年乃至千年以前的历史遗存，这些遗存的价值，有的已经被现代社会抛弃，也有的需要在新的历史条件下适当转化，唯有把传统文化中这些永恒的基本价值继承下来，才能构成当代社会的文化基石和精神营养。这套丛书定位在"优秀传统文化"上，显然是注意到了这个问题的重要性。在尊重作者写作风格、梳理和讲好“杭州故事”的同时，通过系列专家组、文艺评论组、综合评审组和编辑部、编委会多层面研读，和作者虚心交流，努力去粗取精，古为今用，这种对文化建设工作的敬畏和温情，值得推崇。

人民群众才是传统文化的真正主人。百年以来，中华传统文化受到过几次大的冲击。弘扬优秀传统文化，需要文化人士投身其中，但唯有让大众乐于接受传统文化，文化人士的所有努力才有最终价值。有人说我爱讲“段子”，其实我是在讲故事，希望用生动的语言争取听众。今天我们更重要的使命，是把历史文化前世今生的故事讲给大家听，告诉人们古代文化与现实生活的关系。这套丛书为了达到“轻阅读、易传播”的效果，一改以文史专家为主作为写作团队的习惯做法，邀请省内外作家担任主创团队，组织文史专家、文艺评论家协助把关建言，用历史故事带出传统文化，以细腻的对话和情节蕴含文化传统，辅以音视频等其他传播方式，不失为让传统文化走进千家万户的有益尝试。

中华文化是建立于不同区域文化特质基础之上的。作为中国的文化古都，杭州文化传统中有很多中华文化的典型特征，例如，中国人的自然观主张“天人合一”，相信“人与天地万物为一体”。在古代杭州老百姓的认知里，由于生活在自然天成的山水美景中，由于风调雨顺带来了富庶江南，勤于劳作又使杭州人得以“有闲”，人们较早对自然生态有了独特的敬畏和珍爱的态度。他们爱惜自然之力，善于农作物轮作，注意让生产资料休养生息；珍惜生态之力，精于探索自然天成的生活方式，在烹饪、茶饮、中医、养生等方面做到了天人相通；怜惜劳作之力，长于边劳动，边休闲娱乐和进行民俗、艺术创作，做到生产和生活的和谐统一。如果说“天人合一”是古代思想家们的哲学信仰，那么“亲近山水，讲求品赏”，应该是古代杭州人的生动实践，并成为影响后世的生活理念。

再如，中华文化的另一个特点是不远征、不排外，这体现了它的包容性。儒学对佛学的包容态度也说明了这一点，对来自远方的思想能够宽容接纳。在我们国家的东西南北甚至是偏远地区，老百姓的好客和包容也司空见惯，对异风异俗有一种欣赏的态度。杭州自古以来气候温润、山水秀美的自然条件，以及交通便利、商贾云集的经济优势，使其成为一个人口流动频繁的城市。历史上经历的“永嘉之乱，衣冠南渡”，“安史之乱，流民南移”，特别是“靖康之变，宋廷南迁”，这三次北方人口大迁移，使杭州人对外来文化的包容度较高。自古以来，吴越文化、南宋文化和北方移民文化的浸润，特别是唐宋以后各地商人、各大商帮在杭州的聚集和活动，给杭州商业文化的发展提供了丰富营养，使杭州人既留恋杭州的好山好水，又能用一种相对超脱的眼光，关注和包容家乡之外的社会万象。这种古都文化，也代表了中华文化的包容性特征。

城市文化保护与城市对外开放并不矛盾，反而相辅相成。古今中外的城市，凡是能够吸引人们关注的，都得益于与其他文化的碰撞和交流。现代城市要在对外交往的发展中，进行长期和持久的文化再造，并在再造中创造新的文化。杭州这套丛书，在尽数杭州各色传统文化经典时，有心安排了“古代杭州与国内城市的交往”“古代杭州和国外城市的交往”两个选题，一个自古开放的城市形象，就在其中。

“杭州优秀传统文化丛书”在传统和现代的结合上，想了很多办法，做了很多努力，他们知道传统文化丛书要得到广大读者接受，不是件简单的事。我们已经走在现代化的路上，传统和现代的融合，不容易做好，需要扎扎实实地做，也需要非凡的创造力。因为，文化是城市功能的最高价值，也是城市功能的最终价值。从“功能城市”走向“文化城市”，就是这种质的飞跃的核心理念与终极目标。

单霁翔

2020 年 9 月

（单霁翔，中国文物学会会长）

湖山春晓图（局部）

目　录

印刷之光 吴越钱俶

吴越王钱俶的三次刊刻佛教典籍《陀罗尼经》为后来杭州成为印刷之都打下了坚实的基础，体现了手工业时代的工匠精神。毫无疑问，这是杭州的一个深刻的文化印记。宋人叶梦得在《石林燕语》卷八中所说的“今天下印书，以杭州为上”，说明到北宋时，印刷术已成为一种新兴的产业。国家规定由国子监管理这项事业，以后历元、明诸代，杭州都是印刷之都，至少宋、元两代，皇帝曾迭下圣旨，一些事关国计民生的重要书籍都要到杭州刊印就是一个例证。

吴越王钱俶刻印的经卷，今后会不会有新的发现呢？

吴越王钱俶（929—988）原名弘俶，为避宋朝皇帝赵匡胤祖讳而去弘字易名为俶。他是吴越王钱镠的孙子，所谓吴越国三世五王的最后一位吴越王。他继承王位后励精图治，有所作为，最终于宋太平兴国三年（978）纳土归宋，避免了一场血雨腥风的战争，使杭州百姓免遭流离之苦。

除了政绩，吴越王钱俶值得称道的，是他三次刻梓的《陀罗尼经》为后来杭州成为印刷之都打下了坚实的基础。所谓《陀罗尼经》，为唐朝不空三藏（唐玄宗时高僧，印度人，他译述的密部经典甚多）所译，当为初译本，此经文《大藏经》有载。

吴越王和延寿和尚

吴越王钱俶刻印《陀罗尼经》，实际的主持人是延寿和尚。延寿和尚（904—975）俗姓王，原籍江苏丹阳，后迁浙江余杭，五代时的高僧。年十六时献《齐天赋》于吴越王，后担任过余杭库吏，又迁华亭镇将，督纳军需。三十岁时出家。延寿于广顺二年（952）主持奉化雪窦寺，后受钱俶之请，主持修复杭州灵隐寺，接住永明寺（今净慈寺），修建六和塔。著有《宗镜录》。从学者两千余人。延寿和尚深得钱俶信任，为钱俶刻印过大量经文、佛图等。据称延寿曾印过《弥陀塔图》十四万本，又曾刻印《二十四应现图音像》（用绢素印二万本）及《弥陀经》《楞严经》《法华经》《观音经》《佛顶咒》《大悲咒》《法界心图》等经书。

钱镠被封为吴越王后做了不少好事，他制定的国策是保境安民、奉事中原。吴越国所统治的地区是今浙江、苏南一带的十四个州的地域，这一带原本比较富裕，加之钱镠当政期间，修建捍海塘，疏浚西湖，保得一方平安。而那时中原干戈扰攘，大家争来抢去当皇帝，常常今天这个称帝，明天那个称帝，皇帝换来换去，钱镠却对此一概不管，不去参与，每年照样从运河里运去一船船的丝绸、茶叶上贡，求得一方平安。他告诫后代子孙：等我死了，你们也继续这么干。这也算是他定下的国策吧！

钱镠和他的后代都笃信佛教，所以在吴越国所统治的地区广建佛寺。苏轼曾说杭州西湖有三百六十寺之多，著名的如净慈寺、理安寺、六通寺、灵峰寺、云栖寺、法善寺、宝成寺、开化寺、海会寺、昭庆寺、玛瑙寺、清涟寺等。这在田汝成的《西湖游览志》里有详尽的记载，杭州后来有东南佛国之誉，这和几代钱王崇信佛教、大力兴建寺院是分不开的。

禅房对话建塔藏经

一日，吴越王钱俶来到南山的净慈寺，住持延寿和尚将钱俶迎进方丈的禅房。礼毕之后，钱俶向延寿道："我十四州之地由于王祖和王叔伯的不断营建，佛寺无数，一片祥和之气，但与之相应的佛塔尚少，我意在西关建一座砖塔于雷峰之上，内藏《陀罗尼经》，大师以为如何？"

延寿听了双手合十，频频点头言道："这是功德无量的大好事，小僧愿意效劳。"延寿接着建议道："听说后蜀国王孟昶采纳丞相冯道建言，眼下已在雕印儒家的经书，我们雕印经卷后，亦可仿效开雕儒家经书，以利士人读书明礼。"

钱俶听了连声称是，不过又皱了下眉头，对延寿和尚言道："刻了《陀罗尼经》再说。眼下大宋已一统天下，信使频下杭州。前次江南国主不听号令，如今已然灭国。我吴越国顺应大势，归顺大宋也是迟早的事，这样既不负祖训，也是时势所趋，是必然要走的路。大师此次刻梓《陀罗尼经》务请注意两条：一是，我的名字去'弘'字，单称俶，因大宋国皇帝祖上有名'弘'字的，切不可犯了大宋皇帝祖上的名讳。二是，天下兵马大元帅之衔也需刻上，这是大宋皇帝给我的，不刻上似有不敬之嫌。"这两条和前两次刻经的不同之处，延寿一一遵命记下。

钱俶接着又说：“差点忘了一件事，此次要在西关砖塔内收藏《陀罗尼经》，因此在烧制砖瓦时，藏经的砖可预留一孔，免得到时钻孔麻烦，无处可藏。还有鎏金塔也需铸造一批，我们曾许愿八万四千鎏金小塔赐十四州各地寺院，鎏金塔内也各藏一经，大师以为如何？”

延寿自是唯唯应命，照办就是。

待得恭送吴越王钱俶离开永明寺（净慈寺）之后，延寿和尚招来管事僧人一一分派各事，特别关照此次要招一些年轻又能识文断字的俗家弟子参与，以为将来刊印经书培养人才。知客僧道：“此事不难。据我所知，杭州有些纸店已在雕刻历本发卖，要他们来帮忙并非难事。”吴越王钱俶究竟刻了几次《陀罗尼经》？现今看来至少有三次。这三次刻印经都在 20 世纪重新出现了，但藏经似乎有密码似的，使人无法解码，都需要“密钥”才能解码。

第一个密钥：天宁古寺象鼻藏经

日月如梭，光阴似箭，岁月流逝。五代后周显德三年丙辰（956）吴越王钱弘俶第一次刻藏的《陀罗尼经》，竟然在民国六年（1917）浙江吴兴的天宁寺出土了！这件事当时在当地并未引起大的轰动，知道的人不多，只是在历史文物界引起了少数人的注目。这是吴越王钱弘俶刻藏的《陀罗尼经》首次惊现人世。

事情经过是这样的：浙江吴兴县有座古寺，始建于南朝陈永定三年（559），是座千年古刹。这座古寺原名龙兴寺，至五代吴越国时更名为天宁寺。其间曾多次修建，寺有石刻佛顶尊胜陀罗尼经幢二十四座，至清康熙时仅剩八座。清末，天宁寺废，改为浙江省立第三中学校舍，其时八座经幢或断裂或圮坏者已过半数。

民国六年，为修筑第三中学校舍，该校决定卸去原大殿前面的两座经幢，从而发现了五代《陀罗尼经》的藏经，就藏在石雕的经幢象鼻子内。

这些《陀罗尼经》一出现，即被修筑工人哄抢，他们认为这些藏经可以辟邪招福，在哄抢的过程中有的经卷遭到破坏。据说当时完整的经卷尚存两卷，经反复动员，并以优厚报酬始收回。这两卷《陀罗尼经》当时一卷藏吴兴县图书馆，另一卷被一张姓某人所得。据当时目击者潘凤起先生说："这两卷经卷藏在经幢石象的鼻子内已经九百六十年，但纸质完好，黏合处也不脱离，非常珍贵。"显德是后周世宗（柴荣）的年号，三年即公元956年，其时钱俶已继位吴越王九年，这是他第一次刻印《陀罗尼经》。

这份《陀罗尼经》全称《一切如来心秘密全身舍利宝箧印陀罗尼经》，经的开头文字称：

> 天下都元帅吴越国王钱弘俶印宝箧印经八万四千卷在宝塔内供养，显德三年丙辰岁记。

这段文字的后面是图画，即人礼塔像。图画后面即是《陀罗尼经》的经文。

吴兴天宁寺的经卷被发现后，经王国维先生认定，为唐刊经卷的最早实物（敦煌藏经洞发现的唐咸通九年〔868）刊印的《金刚经》当时可能尚未见报道）。在吴兴发现的这两卷吴越王刊印的《陀罗尼经》的传承情况不明，我们只知道其中的一卷远涉重洋流入北欧，现藏于瑞典斯德哥尔摩博物馆。

第二个密钥：雷峰塔倒，藏经砖内

清朝康熙年间的杭州名人洪昇说过一句话，杭州有三怪：金沙滩的三足蟾、雷峰塔的白蛇、流福沟的大鳖。说金沙滩的三足蟾和流福沟的大鳖的故事发生在明朝弘治年间，一为方士捉获，一为屠夫用大钩钓起，就是雷峰塔的蛇妖没下落。清末杭州的另一位名人丁丙也讲过这个故事，不过发生时间是在明朝崇祯年间。丁丙还具体写到流福沟的大鳖是被一个卖肉的屠夫用挂肉的大钩钓起来的，说是其背大如车轮。

弘治年间也好，崇祯年间也罢，都是在明朝，我判断这和明朝时拟话本小说的流行有关，雷峰塔的蛇妖不就是冯梦龙编的《警世通言》里的那篇《白娘子永镇雷峰塔》吗？雷峰塔里有没有白蛇，要等到雷峰塔倒掉时才能见真章。

雷峰塔真的倒掉了，时在民国十三年（1924）9月25日。这一天也很特别，就是江浙战争中军阀孙传芳的部队刚到江头之时，江头是杭州人的口头语，现在叫江干，就在闸口和第一码头一带。

雷峰塔倒掉没有倒出白蛇来，却倒出了一种吴越王钱俶主持刻印的经卷来。现在人人都知道这是文物，而且是五代时杭州就是全国刻印书籍要地的重要证据，意义和价值都十分重大。

雷峰塔倒掉的影响很大。不仅民间街头巷议，就是当时的报纸也有报道，新文学的代表人物鲁迅和俞平伯都写过文章，我在这里转述当时在杭州艺专任教的姜丹书先生撰写的一段文字，他是此事的亲历者，故他的文字史料价值很高。

据姜丹书《雷峰塔始末及倒出的文物琐记》一文记录的大致情况是：

民国十三年，就在吴兴天宁寺经幢象鼻中发现《陀罗尼经》的七年以后。

雷峰塔是建在净慈寺北面南屏山的雷峰上的，所以人们习惯叫它为雷峰塔。据说造此塔是因为那年钱俶妃黄氏生子所以又叫黄妃塔。其实此塔的标准名字应叫做西关砖塔，这是后来塔倒后的《陀罗尼经》上有记载的。

雷峰塔外为砖木结构的楼阁式，八面七层，以砖石为芯，外有木构廊檐，重檐飞栋，洞窗豁开，内壁八面镶嵌《华严经》石刻，相传塔下供有十六尊金铜罗汉。北宋宣和年间此塔遭战乱受损，南宋重修时改为八面五层。明嘉靖年间，此塔木构毁于倭寇，仅存砖石塔芯，呈赭色砖体，后有人指湖上风景有“雷峰如老衲，保俶如美人”之说，别具风情。雷峰塔之闻名于世，与民间传说塔内镇有白蛇有关。

民国十三年9日25日下午4时，杭州人听到西湖方向突然传来一声轰然大响，如同天际打了个闷雷，接着看到西湖南山方向腾起一阵经久不散的烟雾。这时军阀孙传芳的部队刚到江头，人们开始以为这是“北佬儿”孙传芳的部队开大炮，后来才知道是雷峰塔倒掉了。人们首先想到的是白娘子出世了，胆大的人都争着或步行，或骑脚踏车往净慈寺方向赶去，还有坐黄包车赶去的，不一会儿净慈寺就聚集了一大堆人，人们主要是想见一见传说中白娘子的真容。

然而白蛇没有看到，却发现有的塔砖小孔中藏着东西，挖出来一看，却见一物形似雪茄烟，已经腐烂，众人见是无用之物，便随手捏碎丢弃，有人还踩上一脚，将其践踏，故毁弃颇多。等到有识之士拾起展开后方知这是五代时的佛经《陀罗尼经》印刷实物。

据姜丹书教授所言，经首题刻有“一切如来心秘密全身舍利宝箧印陀罗尼经”字样，当是经卷的名称。开卷的题辞为：“天下兵马大元帅吴越国王钱俶造此经八万四千卷舍入西关砖塔，永充供养。乙亥八月日记。”后间隔一礼佛图，再后便是经文。查此乙亥年，当断为宋太祖开宝八年（975），此时吴越国尚未归宋。按此所谓八万四千卷，未必一定是实数，可能是引用阿育王一日一夜役鬼神造八万四千塔的神话说法，作为多数之义。但亦可能是实数，因沉埋地下乱砖中者甚多，这却无从说起了。塔经的形制如下：

> 此经竖阔市尺二寸半弱，横长六尺八寸强，系纸本，木版印刷，用四张狭长纸分别印好了再粘接而成。字为唐人写经体，不是后世刻书的宋体，笔画如书写，扁方正楷，匀整劲朴，刻印均甚精工。我国谈版本者首推宋版，此经尚在宋版之前，其价值矜贵可知。此经全篇每行十字，首尾共二百七十一行（上列的卷首题辞及礼佛图除外）。我曾汇集多卷，比较异同，断为不止一副版子印成，但字体、经文、行数、长短、阔狭、纸张、装潢等完全一样。卷尾纸边粘在一根细竹签上，卷成纸爆（俗称爆仗）状，其大小约如喜庆时所放长鞭爆最后这几个较大的样子。其外面裹上一层黄色丝绢，贴上一条狭小的黑白交织的“卍”字纹锦作标签，无题字。作为卷轴的竹签两端露出处，点有硍朱，朱色显红不变。每卷如此，藏入砖洞内，洞口用泥封闭，

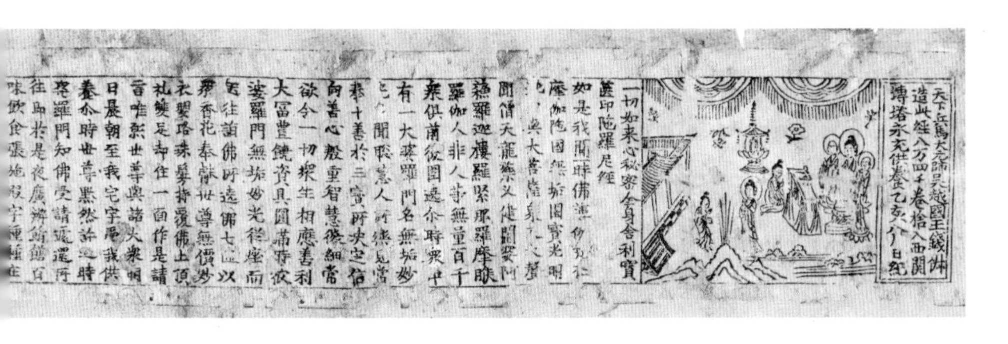

天下兵馬大元帥吳越國王錢俶
造此經八萬四千卷捨入西關
磚塔永充供養乙亥八月日紀

一切如來心秘密全身舍利寶
篋印陀羅尼經
如是我聞一時佛住在
摩伽陀國無垢園寶光明
池中與大菩薩眾及大聲
聞僧天龍藥叉健闥婆阿
蘇羅迦樓羅緊那羅摩睺
羅伽人非人等無量百千
眾俱前後圍遶爾時眾中
有一大婆羅門名無垢妙
光多聞聰慧人所樂見常
行十善於三寶所決定信
向善心殷重智慧微細常
欲令一切眾生相應善利
大富豐饒資具圓滿時彼
婆羅門無垢妙光從座而
起往詣佛所遶佛七匝以
眾香花奉獻世尊無價妙
衣瓔珞珠鬘持覆佛上頂
禮雙足却住一面作是請
言唯願世尊與諸大眾明
日晨朝至我宅宇受我供
養爾時世尊默然許之時
婆羅門知佛受請遽還所
住即於是夜廣辦餚膳百
味飲食張施殿宇種種莊

五代钱俶主持刻印的《陀罗尼经》，为杭州现存最早的雕版印刷物，于民国十三年西湖雷峰塔倒塌时发现

年久受潮，纸质变色，两头霉烂尤甚，故其形色颇似今日的雪茄烟状。唯此竹签仍坚韧，有弹性，掷之作刚脆声。……此砖颇厚，是特制的，经洞开在长方砖的一个短边侧面中间，洞口圆，比经卷稍大，其底比经卷之长稍深（尺寸详后），故将经卷藏入后，口部稍有余空，适合泥封所需地位。全塔之中，只有近顶的几层有此藏经砖，并非每砖都有。此塔非直坍，乃是向东南方斜倒的，故在初倒时看上去，叠砖层次尚颇整齐，惟近塔脚部分，因寻经之故，翻得很乱。

姜先生的文章犹如一份考古报告，使人了解雷峰塔倒后的情况。还有两件余事值得一提。

一是此经后来经人仿制，成为一件绝佳的旅游纪念品。原件后来流入上海和日本的颇多，很多人颇想一见，杭州大井巷懿文斋裱画店老板许某，从当时杭州商会会长王芗泉处借来一卷完整的雷峰塔出土的《陀罗尼经》进行仿刻，但声明是复制品，因刻工甚精，印出来几可乱真，故广为流传，每幅价值银元一元，作为旅游商品，颇受外来杭州的旅游者欢迎。时过境迁，今日尚有存者，并且有了一定的文物价值，但制作者很明确不是假造赝品，而是旅游纪念品。

二是雷峰塔藏经砖是扁长方体，长市尺一尺一寸，阔五寸二分，厚一寸八分，经洞圆径八分，洞深二寸五分，除了具有一定的文物价值外，还是制作砚台的好材料。姜先生曾将此砖雕琢成砚，又将塔影附刻于上，试用颇佳。又有人将有经砖改制为花瓶，于瓶腹附刻塔影，成为文房清玩。这都是后话了。

第三个密钥：三度现身鎏金塔中

据传吴越王钱俶曾造鎏金塔八万四千座以藏《陀罗尼经》，这只是个传说，但到 1971 年 11 月在绍兴县城关镇物资公司工地出土了一座内藏一卷《陀罗尼经》的鎏金塔，此说得到了证实，至少说明有的鎏金塔中的确藏有佛经。

鎏金塔在现今浙江省的寺院中尚有保存，其形制大略如次：塔高约 33 厘米，下部四方，上有四角，中有算盘珠形塔尖，外观如铜，作金黄色，间杂黑色。绍兴县物资公司出土的那座塔内置放着一个小竹筒，长约 10 厘米，红色，短而粗，竹筒内藏有《陀罗尼经》一卷。经首题字为“吴越国王钱俶敬造《宝箧印经》八万四千卷，永充供养。时乙丑岁记”。

如前所述，吴越王钱俶三次刻《陀罗尼经》事不仅文献有载，且有实物传世。这件事的意义十分重大，它为后来杭州成为印刷之都打下了坚实的基础，为杭州的印刷业、刻书业的发展培训了大批的写板工、雕板工、刷印工，加之纸墨在杭州可以就地取材，到了宋代，杭州的刻书事业发展到了至善至美的地步。

北宋监本　多为杭刻

在谈到两宋时期官府刻书时，人们往往很重视国子监刻书。国子监刻书是两宋时期国家刻书的代表，相比较而言，人们更重视北宋国子监刻的书，因为当时国家处于上升时期，经费充裕，对书的质量要求高，刻书质量自然就高。而北宋国子监刻的书，大多是杭州的能工巧匠所刻，夸北宋国子监本实际上也是夸杭州刻书。而南宋是在绍兴后期才开始刻书的，因为经济困难，经费不充裕，所以南宋国子监刻的书总体而论不如“北监本”质量高，加之南宋国子监往往拿南宋地方政府刻的书和学校刻书充数，也影响了南宋国子监刻书的声誉。但总体而言都是宋版，都是十分珍贵的。

这里讲的是杭刻“北监本”的几个小故事，从中可以看出北宋时刻重要书籍常由皇帝下圣旨交杭州镂板，可看出北宋时杭州的刻书业已经在全国有很大的声望了。

如果对杭州刻书史略有了解的话，大都听说过这句话：“今天下印书，以杭州为上。”说这句话的是两宋之交的江苏吴县人叶梦得。他这句话中的“杭州为上”

究竟是指北宋杭州还是南宋杭州，并没有交代清楚，所以使人形成一个错觉，以为指的是南宋。其实叶梦得此语可能说的是北宋杭州，这有以下两个根据：一是叶梦得一生做官，历仕北宋哲宗、徽宗、钦宗及南宋高宗四朝，是位四朝元老，而这句话收录在他的笔记《石林燕语》中，这本书纂述旧闻，皆有关当时掌故，颇足以补史传之缺，讲的大都是北宋故事；二是叶梦得是在绍兴十八年（1148）去世的，那时的南宋国子监还没有开始印书，整个印书业也处于恢复时期，因此只有北宋的杭州才符合描述。当然统而言之将南宋包括在内也不错，事实也确实如此，不过杭州印刷业的繁盛期还没有到来，叶梦得是不可能事先就预计到的。

坚决打击经书走私

北宋时杭州刻书业已经十分繁盛了，有的不法商人居然靠走私杭州所刻的经籍牟利。这个故事发生在元祐年间苏东坡任杭州知州时。一日，苏东坡正在州衙办公，闻听差役来报：杭州某经坊雕造的《华严经》正在打包待运，这批《华严经》数字巨大，由一家经籍铺牵头雕造，多家合作而成。因店家说不清订购的商户是谁，现已将这批《华严经》扣下，特来报与知州知道。苏东坡一听想起了前事，因为杭州印刷力量雄厚，雕造的经卷专门走私高丽国以牟利，前已发现，今又发生，莫不是又有奸商作奸犯科？于是下令将一应人犯拘传到州衙审理。经审理后，查明乃是福建商人徐戬主谋，苏东坡便据此向朝廷上了一本《论高丽进奉状》，其中说道：

> 福建狡商，专擅交通高丽，引惹牟利，如徐戬者甚众。访闻徐戬，先受高丽钱物，于杭州雕造夹注《华严经》，费用浩汗。印板既成，公然于海舶载去交纳，却受本国厚赏，官私无一人知觉者。臣

谓此风岂可滋长，若驯致其弊，敌国奸细，何所不至。

苏轼这份报告的着眼点，除了维护国家的税收等要务之外，更重要的是防止“敌国奸细”作奸犯科。但从这件事中我们可以看到当时杭州印刷力量的雄厚，一是“费用浩汗”，可见走私量之大；二是“如徐戬者甚众”，可证像徐戬这样的大规模走私并非首次，这也从侧面反映了杭州经坊的印刷力量之雄厚。

市易务书板充办学经费

这个故事也发生在元祐年间苏东坡任杭州知州时。其时中央政府设有市易务，这是一个主管财政税务的机构，虽设在杭州，但由朝廷直管。杭州刻书当时已是一个巨大的产业，刻书获利甚丰，市易务也办起了刻书机构。当时杭州州学经费困难，苏轼于元祐四年（1089）给朝廷上了一道《乞赐州学书板状》，其中谈到市易务所刻书板所值在一千四百六贯九百八十三文，而朝廷岁得获利二百八十一贯三百九十七文，这对朝廷来说是“如江海之中增损涓滴”，但对杭州办学来说却不是小数目。因此苏轼提出，市易务印书所得净利已达一千八百八十九贯九百五十七文，今日将书板赐与州学，除已收净利外，只是突破官本六十一贯五百一十二文，但对州学办学则解决了莫大问题。苏轼的这道奏状，说明了当时印书获利甚多，也从另一个方面说明杭州印刷业的繁盛局面。

湖州富二代豪举买“监本”

第三个故事也与苏东坡有些关系。湖州东林有富人沈思，喜藏书，喜与文士结交，尝与苏轼、陈师道交往，互有诗作相酬。沈思有子名偕，字君与，某次游京师汴梁有三个举动轰动了京师。

一是当时汴梁有名妓蔡奴，声名甲于都下。沈偕欲访之，然知蔡奴不轻易接客，一日于蔡奴住处门口一茶肆中与一卖珠人交易议价，故作不合，将珍珠撒于屋上瓦间，对卖珠人说：“但随我来，依你所索还钱。”沈偕这样原是做给蔡奴看的，以引起她的注意。这一切恰好被蔡奴在自家窗帘内看见，令丫环将所撒物取来一看果是珍珠，因此对沈偕留下了很深的印象。

沈偕的第二个豪举是过了几天拜访蔡奴，刚入门，家仆即向蔡奴报说：“前日撒珠郎至矣。”两人见后相谈甚欢，沈偕就邀蔡奴到樊楼饮宴。樊楼是京师第一大酒楼，可容客千人，《清明上河图》中就画有樊楼。到了酒楼后，沈偕向楼中的食客道：“今日各位畅饮就是，所有酒钱由在下包付。”一时传遍京师。

〔宋〕张择端《清明上河图》中的樊楼

沈偕的第三个豪举便与本书有关。据周密的《齐东野语》卷十一记：沈偕进京考试，“既而擢第，尽买国子监书以归”。别的举子离京，买些监本书回家也合情理，但沈偕“尽买”以归，就不免豪侈了。要知道，当时的书因印数不多，故价钱并不便宜。

其实，沈偕的三个故事，都是表现这位富二代的“豪侈”。但第一件事只是一把珍珠，第二件事只是一餐饭钱，前两个故事都是陪衬第三个故事，“尽买国子监书以归”才是主旨。

这里再说一下北宋监本书的来历。我国历来重视教育，汉设太学，晋立国子学，隋炀帝时称国子监，唐宋因之。国子监是全国管理学校的最高机构。到北宋时，由于印书业的发达，形成了一个新兴的产业，就需要有专门的机构来管理，这个任务就由国子监来承担了，这样国子监又具有了全国最高出版机构的职能。北宋国子监设在京城汴京（今河南开封），国子监刻的书称“监本”，因为是政府刻书，而且要呈御览，故经费充裕、版本精良，多由大臣领衔、学者校勘，故监本书历来为世人所重。

御前议事：监本杭刻

北宋国子监刻的书，是当时中央政府主持刻印的，质量高，价格也不低。监本书优于地方政府刻的书，质量也高于各地的坊刻书和私刻书，是读书人梦寐以求的佳刻名椠。但人们一般会以为这监本书是汴京所刻，实是误解，实际上，监本书多为杭州所刻，书上印的圣旨、上谕就足以证明这一点。

前人还有个误解，以为叶梦得在《石林燕语》卷八中说的名言“今天下印书，以杭州为上，蜀本次之，福建最下。京师比岁印板，殆不减杭州，但纸不佳；蜀与福建多以柔木刻之，取其易成而速售，故不能工；福建本几遍天下，正以其易成故也”说的是南宋建都杭州以后的事儿。实际上，北宋和南宋都是这样的。杭州的雕版印刷业在五代吴越王钱俶时就已名声在外，盛誉传天下了。蜀、建、汴、杭四地比较起来以杭州为最佳，雕版多用梨、枣硬木，工艺水平和纸墨都是上佳的，用杭州话来说，都是硬碰硬，掼得过钱塘江的。

吴越王钱俶是在太平兴国三年（978）纳土归宋的，到了淳化五年（994）七月，宋太宗赵炅就以下诏书的名义命杭州刻印新校成的《史记》《汉书》《后汉书》三史。根据程俱的《麟台故事》卷二说：淳化五年七月，宋太宗下诏命选官分校《史记》和前、后汉书，书成“遣内侍赍本就杭州镂板”。这大概是最早的前三史刊刻，刊刻地就在杭州。这是杭州最早承担国子监刻书的任务。

景德二年（1005），宋真宗赵恒巡视国子监的书板库，问国子监的官员邢昺：“书板库藏有多少经板？库房够用吗？”邢昺答曰：“建国之初，经板不足四千，如今有十余万了。我年轻时从师读书时经书有疏文的，百无一二，但又无力传写。如今板本大备，普通百姓家都有了，这是读书人的大幸！”真宗听了很高兴地说：“国家崇尚读书习儒，还靠的是四方无事，不然何以及此？”

国子监库房里的书板，有相当数目都是杭州刻梓的。这与真宗赵恒咸平三年（1000）的一次御前会议有关。那年要刻印儒家经书《孝经》《论语》等的正文和疏文，但是数量多，且质量要求高，所以在朝会后进行了专门研究，命国子监祭酒邢昺主讲。此事咋办？研究来研究去，认为刊刻大批经书的疏文和正文，汴京的国子监没有力量承担，参与此事的有杜镐、舒雅、李维、孙奭、李沐清、王焕、崔偓佺、刘士元等一干文官。这一干文官各抒己见，对如何刻印进行了认真商讨，最后由真宗皇帝拍板，“命杭州刻板”。这件事在南宋学者王应麟《玉海》卷四十一有明确的记载。御前会议还规定了一条，今后有重要书籍就交付杭州刊印，不必每次都朝议一番。

杭州接受国子监刻印经书正文和疏文的任务，完成得很好，得到上自皇帝下及国子监专职官员的称赞。从此以后，杭州代国子监刻监本书就成为定例。可以说，后来通用的经书及史书基本上都是杭州刻板的。

治国靠“通鉴” 防疫需“秘方”

交杭州印书不稀奇，但有关治国方略和防疫秘方的书都交杭州刻印就值得注意了。

北宋国子监在杭州刻印了大量的监本书，其中有两部书有特殊意义，即治国的《资治通鉴》和防疫的《外台秘要方》，这充分证明北宋朝廷和国子监对杭州刻书的高度信任。

北宋司马光主编的一部重要典籍《资治通鉴》，现在一般将其归类为历史书，这是大家都知道的。但是实际上，《资治通鉴》是一部治国方略，这一点却并非人人明了了。事实上，《资治通鉴》就其本原来说是一部政书，是当时的治国方略。书名就点明了这一点，资治通鉴的意思是用来治理国家的一面镜子，原来的编著目的是给皇帝看的，让皇帝借鉴历代治乱兴替，吸收经验教训，以更好地治理国家。这部书是宋英宗赵曙命司马光编的。之前，司马光编了《通志》八卷献给英宗，说历代的国史太多太繁，皇帝很忙不能通读历史，难以吸收历代的治乱教训以治理国家，因此自己编了历代的大

資治通鑑卷第一百五十
梁紀六 起閼逢執徐盡旃蒙大荒落凡二年
高祖武皇帝六
普通五年甲辰春正月辛丑魏主祀南郊　三月魏
以臨淮王彧都督北討諸軍事彧於六切討破六韓拔
陵夏四月高平鎮民赫連恩等反推敕勒酋長胡
琛為高平王攻高平鎮以應拔陵魏將盧祖遷擊
破之琛北走衛可孤攻懷朔鎮經年外援不至楊
鈞使賀拔勝詣臨淮王彧告急勝募敢死少年十
餘騎夜伺隙潰圍出賊騎追及之勝曰我賀拔破
胡也賊不敢逼勝見彧於雲中說之曰懷朔被圍
旦夕淪陷大王今頓兵不進懷朔若陷則武川亦
危賊之銳氣百倍雖有良平不能為大王計矣彧
許為出師勝還復突圍而入鈞復遣勝出覘武川
武川已陷勝馳還懷朔亦潰勝父子俱為可孤所虜
五月臨淮王彧與破六韓拔陵戰於五原兵敗彧
坐削除官爵安北將軍隴西李叔仁又敗於白道
賊勢日盛魏主引丞相令僕尚書侍中黃門於顯
陽殿問之曰今寇連恒朔逼近金陵計將安出吏
部尚書元脩義請遣重臣督軍鎮恒朔以捍寇帝
曰去歲阿那瓌叛亂遣李崇北征崇上表求改鎮
為州朕以舊章難革不從其請尋崇此表開鎮戶

非冀之心致有今日之患但既往難追聊復略論
耳然崇貴戚重望器識英敏意欲還遣崇行何如
僕射蕭寶寅等皆曰如此實合群望崇曰臣以六
鎮遐僻密邇寇戎欲以慰悅彼心豈敢導之為亂
臣罪當就死陛下赦之今更遣臣北行正是報恩
改過之秋但臣年七十加之疲病不堪軍旅願更
擇賢材帝不許脩義天賜之子也　臣光曰李
崇之表乃所以銷禍於未萌制勝於無形魏肅宗
既不能用及亂生之日曾無愧謝之言乃更以為
崇罪彼不明之君烏可與謀哉詩曰聽言則對誦
言如醉匪用其良覆俾我悖其是之謂矣　壬申
加崇使持節開府儀同三司北討大都督命撫軍
將軍崔暹思廉切鎮軍將軍廣陽王深皆受崇節度
深嘉之子也　六月以豫州刺史裴邃督征討諸
軍事以伐魏　魏自破六韓拔陵之反二夏豳涼
寇盜蜂起秦州刺史李彥政刑殘虐在下皆怨是
月城內薛珍等聚黨突入州門擒彥殺之推其黨
莫折大提為帥莫折關西複姓大提其名大提自稱秦王魏遣雍
州刺史元志討之初南秦州豪右楊松柏兄弟數
為寇盜刺史博陵崔遊誘之使降引為主簿接以
辭色使說下群氐既而因宴會盡收斬之由是所
部莫不猜懼遊聞李彥死自知不安欲逃去未果

宋刊本《资治通鉴》书影（现藏日本东洋文化研究所）

事要事献给皇上御览。宋英宗看了很高兴，说这本书很好，就命司马光设局领衔编纂《资治通鉴》，事见《宋史·司马光传》。到了治平四年（1067），书未成而英宗已逝。同年十月神宗继位，初开经筵，司马光读了部分章节，神宗十分重视，末言“《诗》云‘商鉴不远，在夏后之世’”，并赐书名为“资治通鉴”。“治平四年十月，初开经筵，奉圣旨读《资治通鉴》。其月九日，臣光部进读，面赐御制序，令候书成写入。”这是司马光记下的原话。

这样一部先帝和当朝皇帝高度重视的重要政书，是在神宗元丰七年（1084）编好的，次年九月十七日即奉圣旨“重新校定后交杭州镂板”，足见朝廷对杭州刻书的高度信任。

还有部书是一部医药书。北宋仁宗皇祐元年（1049）前后，南方的一些军（相当于州的行政单位）、州连年发生瘟疫等传染病，有的军、州甚至死了十余万人。臣

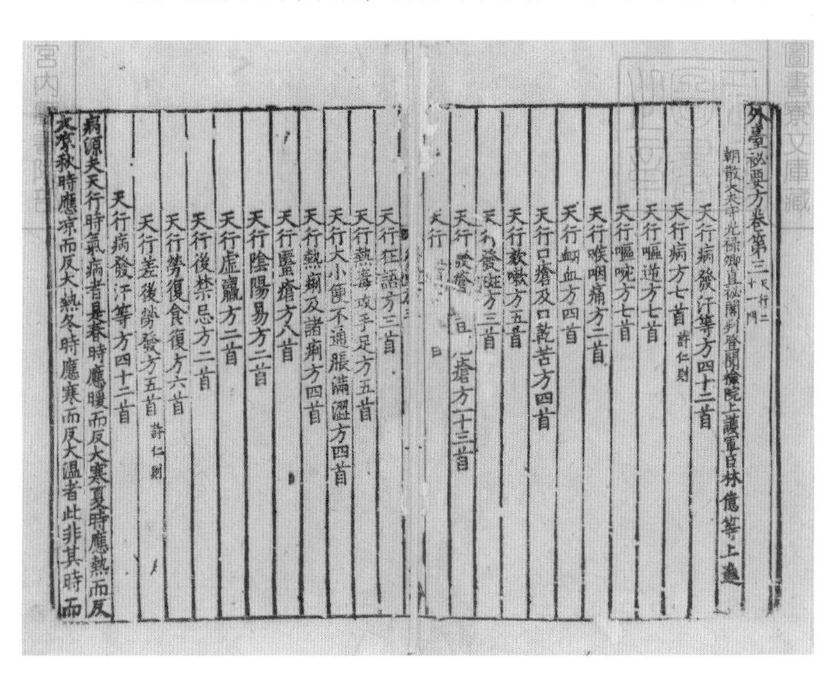
外臺秘要方卷第三 天行二十一門
朝散大夫守光祿卿直秘閣判登聞檢院上護軍臣林億等上進
天行病發汗等方四十二首
天行病方七首 許仁則
天行嘔逆方七首
天行嘔啘方七首
天行喉咽痛方二首
天行衄血方四首
天行口瘡及口乾苦方四首
天行欬嗽方五首
天行發斑方三首
天行發瘡豌豆瘡方一十三首
天行狂語方三首
天行熱毒攻手足方五首
天行大小便不通脹滿澀方四首
天行熱痢及諸痢方四首
天行䘌瘡方八首
天行陰陽易方二首
天行虛羸方二首
天行後禁忌方二首
天行勞復食復方六首
天行差後勞發方五首 許仁則
天行病發汗等方四十二首
病源夫天行時氣病者是春時應暖而反大寒夏時應熱而反大寒秋時應凉而反大熱冬時應寒而反大溫者此非其時而

宋两浙东路刊本《外台秘要方》书影

僚上奏说这病难以治愈，既是时疫，也有医生水平的原因。为了防治瘟疫和提高医生医术，建议仁宗皇帝取出秘阁所藏医书，委官选择实用的加以校定后付杭州开板摹印。仁宗览奏后命秘阁检唐朝王焘的“《外台秘要（方）》三两本送国子监见检校医官仔细校勘闻奏”，然后交杭州“开板摹印”，书印好后发往各军、州。人所共知，医方书一字之差是要误人性命的，不得错一字。将这样关系重大的书交杭州开板雕印，足见杭州印刷质量之高。

王国维经过综合研究，在《两浙古刊本考》卷上中认为“北宋监本刊于杭者，殆尽大半”，由此可见杭州刻书在北宋时的重要地位。

活字版印　毕昇发明

印刷术是中国古代四大发明之一，是中国对世界文明作出的重要贡献，这是客观事实，至今为学界和科技界所公认。

可是迄今为止，宋朝没有一部活字的印刷物传世，这究竟是为什么呢？据我看来，主要是泥活字印书不成熟，印书质量不高。直到元、明以后，不断用木活字、瓷活字、铜活字无数次地试验，直到德国人谷腾堡用铅活字印《圣经》，毕昇的活字印刷术才趋完备。一项科技从发明到应用，再到完善是有一个漫长过程的。

北宋仁宗庆历年间，杭州一家朝廷监本书定点工场里，毕昇这个雕板匠人，经常利用工余时间鼓捣黏土。突然有一天，他高兴地叫了起来："成功了！成功了！"工场主王成跑去一看，原来是毕昇用火烧黏土制成的字模做成了一块活字板。毕昇高兴地对王成说："如此这般，我们不是可以用来印书吗？速度可快得多了。"

王成看了一会，点点头说："成是成功了，可不实用。用泥字模印成的书，字样这么难看，怎么拿得出手？

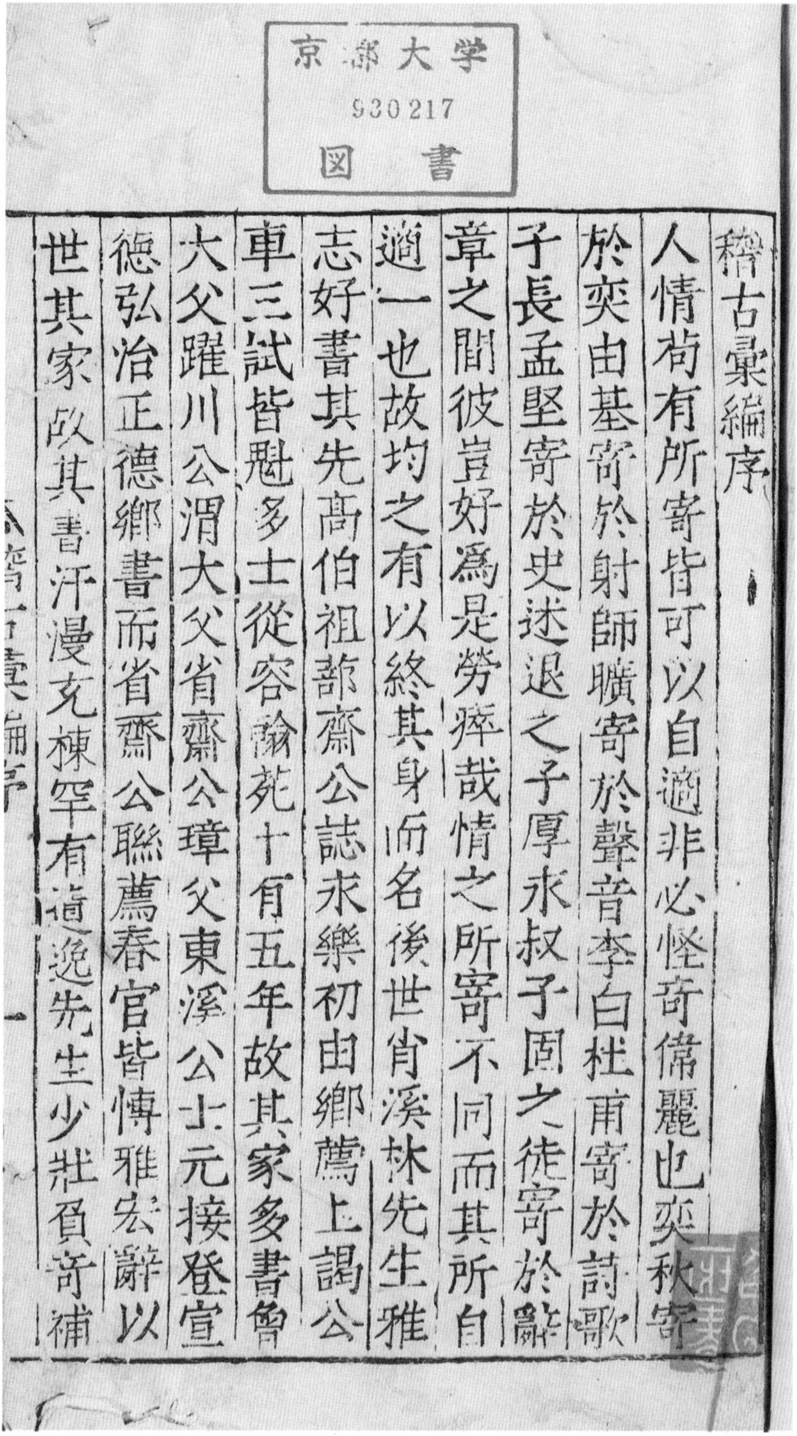

稽古彙編序

人情苟有所寄皆可以自適非必怪奇偉麗也奕秋寄於奕由基寄於射師曠寄於聲音李白杜甫寄於詩歌子長孟堅寄於史述退之子厚永叔子固之徒寄於辭章之間彼豈好爲是勞瘁哉情之所寄不同而其所自適一也故均之有以終其身而名後世肖溪林先生雅志好書其先高伯祖蔀齋公誌永樂初由鄉薦上謁公車三試皆魁多士從容翰苑十有五年故其家多書曾大父躍川公渭大父省齋公璋父東溪公士元接登宣德弘治正德鄉書而省齋公聯薦春官皆博雅宏辭以世其家故其書汗漫充棟罕有逍逸先生少壯負奇補

稽古彙編序 一

明万历五年（1577）活字刊本《稽古汇编》书影

这样的书谁要呀！不过你可以再试试看，主要解决字体美观秀丽的问题。”毕昇发明活版，改雕版为排版，同时代的大科学家沈括有如下的记载：

> 板印书籍，唐人尚未盛为之，自冯瀛王始印五经，已后典籍，皆为板本。庆历中，有布衣毕昇，又为活板。其法用胶泥刻字，薄如钱唇，每字为一印，火烧令坚，先设一铁板，其上以松脂腊和纸灰之类冒之，欲印则以一铁范置铁板上，乃密布字印。满铁范为一板，持就火炀之。药稍熔，则以一平板按其面，则字平如砥。若止印三二本，未为简易，若印数十百千本，则极为神速。常作二铁板，一板印刷，一板已自布字，此印者才毕，则第二板已具，更互用之，瞬息可就。每一字皆有数印；如“之”“也”等字，每字则有二十余印，以备一板内有重复者。不用则以纸贴之，每韵为一贴，木格贮之。有奇字素无备者，旋刻之，以草火烧，瞬息可成。不以木为之者，木理有疏密，沾水则高下不平，兼与药相粘不可取。不若燔土，用讫再火令药熔，以手拂之，其印自落，殊不沾污。昇死，其印为予群从所得，至今宝藏。

这段引文录自宋沈括著、当代科技史专家胡道静校证的《梦溪笔谈校证》下册。一个普通的匠人在雕版印刷的基础上，发明了活字排印法，这是中国对世界文明的重大贡献。沈括记载毕昇发明活字印刷术可谓十分详细，时至今日我们还可以按沈括所记来制作活字进行印刷。但遗憾的是，文中对毕昇的籍贯和在何地发明活字排印法却一字未提。更重要的是，毕昇的活字印刷品未见实物传世，以致留下了不少疑问。更有人著文说毕昇发明活字印刷术后，杭州印书多用其法，因而杭州出版事业大为繁荣。这纯属臆断，因为传世的宋版书至今尚未发现有用活字印刷的。

夢溪筆談 卷之十八

繁不若兼除之有常然莫術不患多學見簡即用
見繁即變不膠一法乃為通術也
版印書籍唐人尚未盛為之自馮瀛王始印五經已
後典籍皆為版本慶曆中有布衣畢昇又為活版
其法用膠泥刻字薄如錢唇每字為一印火燒令
堅先設一鐵版其上以松脂臘和紙灰之類冒之
欲印則以一鐵範置鐵板上乃密布字印滿鐵範
為一板持就火煬之藥稍鎔則以一平板按其面
則字平如砥若止印三二本未為簡易若印數十
百千本則極為神速常作二鐵板一板印刷一板
已自布字此印者纔畢則第二板已具更互用之
瞬息可就每一字皆有數印如之也等字每字有
二十餘印以備一板內有重複者不用則以紙貼
之每韻為一貼木格貯之有奇字素無備者旋刻
之以草火燒瞬息可成不以木為之者木理有疎
密沾水則高下不平兼與藥相粘不可取不若燔
土用訖再火令藥鎔以手拂之其印自落殊不沾
汚昇死其印為余群從所得至今寶藏
淮南人衛朴精於曆術一行之流也春秋日蝕三十
六諸曆通驗者不過得二十六七唯一行得二十

《梦溪笔谈》中毕昇发明活字印刷的记载

世界上任何一项发明，开始时总是不够完备的，要经过长时间的反复试验，才能渐趋完善，形成生产力。版本目录学家赵万里在《中国印本书籍发展简史》中说：

（毕昇的活版印刷）除了沈括的记载，别处谁也找不到一点有关这位大发明家的事迹，而其他宋人用活字印书的史料，也没有任何记载留下来，这是很可惜的。有人说，故宫博物院藏的一二五九年即宋开庆元年印本《金刚经》，就是胶泥活字本。但经仔细鉴定，仍是木板。此外《天禄琳琅书目续编》著录的宋活字本毛诗（引者按：《天禄琳琅书目续编》有云："宋本《毛诗·唐风》内，'自'字横置，可证其为活字板。"）和叶德辉《郎园读书志》《书林清话》里宣传他有宋活字本《韦苏州集》，也都是明铜活字本。宋活字印本大概早就已失传了。

张秀民在《中国印刷史》第三章《活字印刷术的发明与发展》中曾对诸多传为宋代活字印本进行过考证和研究，对1965年浙江温州市郊白象塔内发现的《佛说无量寿佛经》残印本，他的看法是“根据上述数点，此《无量寿佛经》是否为活字印本，尚是疑问，更不能说它是12世纪北宋活字印刷的实物见证”。此外，张秀民还认为《天禄琳琅书目》中著录的三部宋版，缪荃孙、叶德辉均认为是宋活字本及宋开庆本的《金刚经》等“上述各种活字本，均不尽可信”。

现已知宋代用活字印书的实例，则为南宋周必大于绍熙四年（1193）曾用活字印过其所著的《玉堂杂记》。1985年1月25日上海《文汇报》发表了一则《台湾发现南宋活字印刷史料》的简讯，国内史学界对此十分关注，后张秀民据此线索加以探索。周必大的记载，见于《周益公文集》卷一九八，文中有写于绍熙四年的《与程元成给事札子》，内云：

> 某素号浅拙，老益谬悠，兼之心气时作，久置斯事。近用沈存中法（指沈括《梦溪笔谈》所记毕昇发明活板法——作者按），以胶泥铜板，移换摹印，今日偶成《玉堂杂记》二十八事，首恩台览。尚有十数事，俟追既补缀续衲。窃计过目念旧，未免太息岁月之沄沄也。

这是一条明确记载用毕昇活板法印书的实例，是一条弥足珍贵的史料。从内容看，用活字法印自己的著作，只是周必大兴之所至，并不能说明活字印刷已广泛使用，更何况其活字版《玉堂杂记》至今未闻有传世实物。

宋代活版印刷未能推广的原因探索

综合有关史料，我的看法是宋代用毕昇活字印书至今未见实物流传，除可能因水火、兵燹等天灾人祸的毁损外，不排除以下两种可能：

一是毕昇发明的活版在当时缺少实际应用的价值。

我们知道，古人印书不若今天动辄上万以至几十万部，一般印数都较少。美国芝加哥大学远东语言文化系荣誉教授钱存训在《中国雕板印刷技术杂谈》中作过一些统计和比较，可资参考。他说："虽雕版印数难以确知，但活字本印数可供参考。活字本因印就拆除，印制者常在书中或其他文献中记载印数。如元大德二年（1298）王桢用其所制木活字排印《旌德县志》，共成一百部；明万历二年（1574）周堂用铜活字印《太平御览》一千卷，也印成一百余部；清道光二十七年至二十八年（1847—1848）翟金生用其自制泥活字所印《仙屏书屋诗集》则多至四百部；清雍正四年（1726）铜活字《古今图书集成》则仅印六十六部；近人卢前谓雕版通常初印三十部。如加算原刻重印、后印，估计雕版印书也和活字印数大致相同，即平均每板印制一百部左右，翻刻重刊当重作写板计算。"（香港《明报》月刊1988年5月号）据此，我认为宋版书的印数不会超过一百部这个平均数，可能更少（当然历书、单叶佛经等例外）。同时，就印书而言，雕版印书的速度亦能满足当时社会的需要。

据傅增湘《藏园群书题记》卷一七《洪武本宋学士文粹跋》所录郑济跋：

右翰林学士承旨潜溪宋先生《文粹》一十卷，青田刘公伯温丈之所选定也。济及洧约同门之士刘刚、林静、楼琏、方孝孺相与缮写成书，用纸一百五十四番，以字计之一十二万二千有奇，于是命刊工十人锓梓以传。自今年夏五月十七日起手，至七月九日毕工，凡历五十二日云……洪武丁巳七月十日，门人郑济谨记。

从郑济的跋语中我们可以得知，一部十二万二千字的著作，六人分写样板，由十名刻工刻梓，仅历时五十二天即可成书，其出书周期并不算长，雕版和活版印书相比，关键是在“制版”速度（一为雕版费时，一为排字迅捷），至于上版印刷和装订的速度则大抵相同。而且在印数不大、活字无法制成纸型的情况下，雕版还具有其优越性，即板片可以长期保存、随时加印。这个优点则是当时的活版所不具备的。我们可以用后之元、明视前之两宋，毕昇的活版印刷术在发明之初不受人们重视，不适应社会需要，是可以理解的。尽管毕昇的发明对后代在印刷史和出版史上的影响是那么重大，但历史上一项创造发明在一定时期内不被重视是并不少见的，毕昇的活版印刷遭遇也是如此。沈括记毕昇发明活版，有段话值得注意，他以为活版“若止印三二本，未为简易；若印数十百千本，则极为神速”。请注意文中的两个“若”字，这仅是一个推断。按钱存训的研究，据卢前说雕版印数初印通常三十部，估计活版印数也大抵相同，最高为一百部左右。如此，则活版的优越性在当时无法体现出来。

二是宋人印书，讲究字体优美，活字印书很难为读书人、藏书家所接受。

在古代文人、藏书家眼中，一本书实际上也是一件艺术品。例如宋代浙江刻本写板多为欧体，字画认真，一丝不苟，笔画挺拔秀丽；福建刻本，字体多为柳体，笔画严谨有力；四川刻本多颜体，字画朴厚肥劲。而这样的字体是很难在胶泥上刻制出来的，在“火烧令坚”的过程中字体又会变形，因而毕昇的泥活字虽然是个了不起的发明，但客观上不易为讲究书籍整体美的宋人所接受。这一传统至后之元、明、清时，甚至到民国时期的文人、学者、藏书家都十分讲究，我读过的历代藏书家对宋本书的题跋，无不盛赞其字体秀美，以至对用墨、用纸、装订都赞赏有加，原因就在这里。傅增湘的题跋还提到：“余尝观古来官署及私家摹刻书籍，多选名家工书之人缮写开版，故其笔法体格足为后人楷模。生平所见若宋本《施、顾注东坡先生诗》为傅稚手书，元本《茅山志》为张雨手书，《吴渊颖集》为宋燧手书，故后人珍异尤远胜常刻。今考此书后跋，知全书为当时及门之士分缮而成，其可考者为郑济、郑洧、刘刚、林静、楼琏、方孝孺六人，皆一时知名之士，宜其妙丽之趣腾溢行间，所谓‘松风水月未足比其清华，仙露明珠讵能方其朗润’，以此书当之，殆无愧色。”傅氏得到的明刻《宋学士文粹》是个残本，他后来曾请当时名家为其补抄残卷。他不无得意地说：“而余幸得当代名笔补缀其残佚，既可与前人媲美，更足为古书增重，其欢喜赞叹之情非毫楮所能宣矣。”当年刘承干刻“嘉业堂丛书”等，其中一些精本书专请善于摹写各类字体的湖北人饶星舫摹写纸样，再请以刻工精细著称的湖北黄冈人陶子麟镌刻，从中可以看出前人对书籍字体优美讲究之一斑。

学界公认，北宋庆历年间（1041—1048）毕昇发明活版印刷的地点是在杭州，这和叶梦得在《石林燕语》卷八中所言“今天下印书，以杭州为上”的重要地位是分不开的。及至南宋，杭州成为国都，随着经济、文化事业的发展，杭州的印刷业更发展到一个前所未有的高度，刻书业极为繁盛。其时官刻有国子监、浙西转运使司、浙西提刑司、浙西茶盐司、临安府等官府衙署和学校刻

序　　嘉業堂叢書

夫易者象也爻者效也聖人有以仰觀俯察象天地而
育羣品雲行雨施效四時以生萬物若用之以順則兩
儀序而百物和若行之以逆則六位傾而五行亂故王
者動必則天地之道不使一物失其性行必叶陰陽之
宜不使一物受其害故彌綸宇宙酬酢神明宗社所以
无窮風聲所以不朽非夫道極玄妙孰能與於此乎斯
乃乾坤之大造生靈之所益也若夫龍出於河則八卦
宜其象麟傷於澤則十翼彰其用業資九聖時歷三古
及秦亡金鏡未墜斯文漢理珠囊重興儒雅其傳易者
西都則有丁孟京田東都則荀劉馬鄭大體更相祖述

嘉業堂

刘承干刻“嘉业堂丛书”书影

书，皇家内府有德寿殿、左廊司局、修内司等衙署的刻书，有现知以陈起为代表的二十余家著名书坊刻书，私人刻书则有以廖莹中为代表的世彩堂刻书，可谓盛况空前。然而从传世实物和文献记载来看，南宋时杭州并无活字印书的记载，其原因我认为不出上述两点。

过去有人怀疑，毕昇的活字印刷术可能一度失传，现在看来事实并非如此。毕昇发明的活字，据沈括言：“昇死，其印为予群从所得，至今宝藏。”印模的失传是有可能的，但由于沈括这部《梦溪笔谈》撰述于元祐年间（1086—1094），胡道静认为："《笔谈》在成书以后不久，也许还是在他身前，便已经镂板流传了。王辟之在绍圣二年（一〇九五）著成的《渑水燕谈录》，王得臣在元符、崇宁（一〇九八——一〇六）间所著《麈史》都已引用《笔谈》。"又说："现在见到的二十六卷本的《笔谈》，都是从乾道二年（一一六六）扬州州学刊本出来的。"而据州学教授汤修年的跋语云："寻又斥其余刊沈公《笔谈》为养士亡穷之利……此书公库旧有之，往往贸易以充郡帑，不及学校。今兹及是，盖见薄于己而厚于士，贤前人远矣。"故可判定："在扬州州学刊本之前，已有一个扬州公库刊本。"沈括所记毕昇发明活版的记载，当然引起当时读书人的兴趣，周必大读到这段记载，兴之所至加以实验是完全可能的。因毕昇的活版印刷是靠沈括的记载而流传后世的，是以后人往往将毕昇的活版习惯记作"沈存中法"（周必大），有人则称之为"沈氏恬（活）板"（元姚燧）罢了。

南宋杭州的书坊主人陈起和私人刻书家廖莹中都有很高的文化素养，陈起于宁宗时中乡贡第一，人称陈解元，著有《芸居乙稿》。廖莹中为进士出身，后为贾似道门客，极有权势。他们在南宋时为刻书大家，精于此道，对活版印书不可能一无所知，然陈、廖刻书以精美著称，他们不用活版印书也是可以理解的。

毕昇的活版印刷术是个伟大的发明，在中华以至世界文明史上具有十分巨大的意义，但毕竟由于初创，泥活字还有许多在当时不可克服的缺点，所以在一段时期内未能推广应用，这是可以理解的。元、明、清以来，尽管铜活字、木活字、瓷活字流行较广，但中国印刷出版物仍以雕版印刷为主流，原因也在于此。

南宋石经　高宗书写

杭州历史上有两次大的“书荒”，其中一次是南宋建都杭州，由于北宋“靖康之乱”，国家秘书省和皇家内府的藏书都被金人掠夺而去，民间藏书也毁损殆尽。直到绍兴末年国子监才开始刊印基本的经书供老师教学、学生习诵之用。

宋高宗爱读书，书法造诣很高，平时读书喜抄写经书，用他自己的话说就是抄经书既可写字，又加深记忆，是一举两得的事。更重要的是，他抄写的经书，后来上石拓印，广颁天下州府县学，成了学校的标准本，使南宋渡过了“书荒”……

为太学写标准经书

宋高宗赵构是南宋第一位皇帝，治国重文治，他自己也爱读书写字。有次朝会，不知是哪位大臣趁着皇帝高兴，就说皇上的字写得真好，书读得远比我们做臣子的多。高宗一时高兴，也说道：“我在宫中，每天做日课，功课很忙哩！早晨起来看你们送上来的章疏批阅奏章，午后小憩后就读《春秋》《史记》，吸收历史上的治国之道和治乱的教训。晚上则读《尚书》，常常读到二鼓始安寝。我特别喜欢读左丘明的《春秋》传文，有时反复读，一部《春秋左氏传》要读二十四天，读完以后再反复阅读，体会日深。后来胡康侯送来他的《春秋解》，我置之座侧，也很爱读。”

宋高宗的书法造诣很深，人称“精丽有法”。他经常写字，有次对臣下说：“学写字不如便写经书，不唯可以学字，又得经书不忘，真是一举两得。还有现时国家艰难，国子监无力印书，如果将之刊石，颁赐天下州府县学，不失为一种标准本，可以一石三鸟。众卿以为如何？”大臣们纷纷称赞。

南宋文献学家王应麟于元初曾带着他的弟子们到杭州太学宋孝宗亲笔题写的“光尧石经之阁”游历参观。王应麟（1223—1296），浙江宁波人，著名经史学者，宋理宗淳祐元年（1241）进士，宝祐四年（1256）复中博学宏词科。历官太常寺主簿、通判台州，召为秘书监，权中书舍人，后知徽州，礼部尚书兼给事中。后因得罪贾似道，辞官回乡，专事著述，所著《玉海》二百多卷对考证宋代史事有很大的参考价值，其中的科举史料尤为丰富。宋亡不仕，专事著述和教学。

王应麟带着弟子们在杭州太学的光尧石经之阁参观，见当年宋孝宗亲笔题写的高宗石经阁已是遍地蒿莱，显得十分荒凉，不无感慨地说：“高宗皇帝喜爱书法，暇时常在书房写字，人所共知，他曾经对臣僚说过：‘学写字不如便写经书，不唯可以学字，又得经书不忘，真是一举两得。’此话不差，但更有深一层的意思在。靖康之乱，金人入汴京，致宫中及秘书省典籍尽辇载北去，一路人践马踏，破坏甚巨，及至杭州建都临安出现书荒，初时连秘书省亦是一个空名头，无书可藏。孝宗皇帝喜爱读唐诗，内臣搜罗仅得几百首，洪学士迈编《万首唐人绝句》以进上，蒙得厚赐。”皇家如此，民间无书可读的情况更甚，“书荒”的困扰程度可想而知。而国子监大规模刊刻经书要在绍兴末年才开始。高宗常将自己所写经书石刻墨本赐给殿试高中者。绍兴五年（1135）九月，赐汪应辰御书石刻《中庸》，皇帝御书石刻墨本赐高中者自此而始。比如：绍兴十二年（1142）赐陈诚之《周官》；绍兴十八年（1148）御书石刻《儒行》赐进士王佐；二十一年（1151）赐赵达等《大学》；二十四年（1154）赐张孝祥等《皋陶谟》；二十七年（1157）赐王十朋等《学记》；三十年（1160）赐梁克家《经解》，比就闻喜宴赐之。这中间还有个故实，汪应辰中式时文章老成，高宗皇帝以为他已有一定年纪，赐墨本之日始知他是个十八岁的少年，这真是少年老成呀！

王应麟续言高宗所书石经在当时还有个重要作用，就是在绍兴九年（1139），高宗将所写经书颁于国子监，国子监印成墨本拓片，颁行天下州府县学，藏于各学校的尊经阁、稽古阁、御书楼，使各地学校的教谕上课有个依据，先生、学生书写有个标准。这真是高宗皇帝为天下学子的一片良苦用心，不然读书没有标准本，凭记忆讲课，岂不讹误百出？

王应麟讲得头头是道，众生听了也增加了不少见识。王应麟干咳了几声，清了清嗓子，又对学生们说：“高宗皇帝御书石经颁赐天下学校均有明文记载，有些地方保护得好的，如今实物尚存，例如（绍兴）十三年六月内出御书《周易》，九月四日《尚书》终篇，刊石颁诸州学。（绍兴）十三年御书《孝经》《周官》《中庸》《羊祜传》于天下州学，杭州府学当时为京城府学，理在颁赐之列，但潜说友《咸淳临安志》失记，对此我见到《玉海》的卷三四却是有明确记载的。还有在四明胡榘修、方万里、罗濬纂之《宝庆四明志》卷二中记载得最为详明，该志卷二《叙郡中》曰：‘高宗皇帝累颁御书经史，乃崇奉于新堂之上，则曰御书阁。’所记颁降的墨本御书有：

“《中庸篇》一轴、《周官书》一轴（天字匣）。

“《文宣王赞》一轴、《乐毅传》一轴（天字匣）。

“《孝经》一轴、《羊祜传》一轴（地字匣）。

“《周易》三轴（黄字匣）、《尚书》三轴（宇字匣）。

“《毛诗》四轴（宙字匣）、《论语》二轴（洪字匣）。

“《孟子》五轴（荒字匣）、《春秋》五轴（日字匣）。

“《春秋》五轴（月字匣）、《春秋》五轴（盂字匣）。

“法帖十轴（昃字匣）。

“《宣圣七十二贤象赞》三轴、乐章一轴、《学记》五轴，以上五轴，共辰字匣。

“《损斋记》一轴（宿字匣）。”

《宋高宗圣贤像赞》碑

王应麟讲到这里，不由得开心起来，便对众人道："这些都是高宗皇帝颁赐的御书，后之人论御书石经多数即在其内，至如乐毅、羊祜两传，虽是史论，亦是高宗皇帝御笔所书，以此赐于天下府州县学，以嘉惠读书人。当时国子监诸经未刊印，这些石刻墨本真是解决了莫大的问题，一定程度上可说是解决了'书荒'。"

有学生王生问道："先生所言真是长了我等见识。学生有一事尚不明，请先生赐教。如先生言，先有高宗所书各种经史文籍而后有光尧石经之阁，对否？"王应麟答道："汝所言甚是！孝宗皇帝时周淙著《乾道临安志》，卷第一《殿宇》有'光尧太上皇帝御书阁牌曰：首善之阁，藏光尧太上皇帝《御书石经》'。故太学首善阁实有藏石经之实，而无石经阁之名。度宗间潜说友著《咸淳临安志》卷之十一有《光尧石经之阁》一目，称'孝宗皇帝御书匾。淳熙四年，诏临安府学臣赵磻老建阁奉安石经，以墨本置阁上'。而《御书石经》的内容则为《易》《诗》《书》《左氏春秋》及《礼记》五篇（《中庸》《大学》《学记》《儒行》《经解》）、《论语》、《孟子》。这是南宋石经阁和光尧石经之阁最权威的文字记载，后人谈南宋石经亦主要指这方面内容而不预其他史传文字，如《羊祜传》《乐毅传》等。"

国破山河在　石经毁且残

王应麟对学生们的这一番讲解，使大家对太学石经的过去有所了解。李生言："先生一席话使我等如醍醐灌顶，有豁然开朗之感，得益匪浅。"王应麟带着众生来到太学光尧石经之阁原地，见孝宗昔日所题"光尧石经之阁"匾额已残破不堪，而石经亦已东倒西歪，有的已经仆地，有的已经断裂，幸好石质坚硬，虽有毁损，大体仍存。王应麟和众学生看了暗暗垂泪，不由产生了故国之思，但也不敢明确表露。众人默默无言，一边看，一边走。

王应麟继续对众生言道：“高宗皇帝所书太学石经是史上唯一由皇帝书写的石经，加之高宗皇帝的书法被赞为‘精丽有法’，这批石经的价值不言而喻，是国宝呀！最早公然要破坏这批石经的是杨琏真加这个恶僧。杨琏真加本是西夏人士，国朝初任江南释教都总统，盗掘南宋六陵帝王墓的坏事就是他干的。为了镇压前朝皇气，至元十三年（1276），从杨琏真加之请于大宋故宫内建五寺，称报国、兴元、般若、仙林、尊胜。欲运太学石经石碑碎而为尊胜寺白塔基础。此事幸得杭州路廉访经历推官申屠致远力争以为不可，以为石经关于教育，而办学所需，不可碎而为塔基。此事也就不了了之。申屠致远可称石经保护第一功臣。”王应麟是在元成宗元贞二年（1296）逝世的，南宋石经此后的情况他就不知道了。

石经归宿地　府学永栖身

王应麟之后数百年，杭州有位文献学家和藏书家丁丙，立志要为杭州编一部大规模的城市志（即《武林坊巷志》），他的助手是当年著名藏书楼寿松堂孙氏后人孙峻。据我所知，为了编纂这部杭州的城市志，丁丙利用家藏八千卷楼藏书，先编纂资料长编，《武林坊巷志》尚未编就，副产品《武林掌故丛编》已先刻印成书，成为谈杭州掌故必读之书，有裨乡邦文献，成为一部地方文献的名编。《武林坊巷志》于光绪二十二年（1896）初稿编成，三年后丁丙逝世，终未能见到书的付梓，这于丁丙来说实是一件憾事，直到1984年，《武林坊巷志》才由浙江人民出版社公开出版。

丁丙在编纂《武林坊巷志》时，曾与孙峻谈及南宋石经问题。

丁丙言道："宋高宗所书石经原贮太学，明时移入杭州府学保管，现收集资料甚多，前后排比，务使此石经前后转移有明晰交代。"孙峻边听边记。

"宋室南渡后新建太学以岳飞故址改，时在绍兴十三年（1143），宋亡学毁，据各种史志所记：元初改为肃政廉访使衙署，后翰林学士承旨徐琰任浙西廉访使，于治所西偏改建西湖书院，祀孔子，并迁西湖锁澜桥三贤堂于此，以白居易、林逋、苏轼三贤附祀。后为讲堂，设东西亭为学斋，又后为尊经阁，阁之北为书库，收藏国子监书板、太学旧籍，设司书以掌之。宋高宗所书石经所贮之阁，孝宗手书'光尧石经之阁'，岁久阁废，石经断折残零，置身于榛莽之中。并未得到有力保护。"丁丙说到这里不禁黯然，感到甚为可惜。

"明代洪武年间，仁和县学迁至原西湖书院故址，其时石经久废，人均未留意保护。宣德元年（1426）夏，吴讷出按杭州，观之慨叹万分，遂命郡守卢玉润率教官生徒四散收集整理，尚得全碑及碎碑补凑者，共得石经碑文约百块，遂辇致大成殿后及两庑，并作《石经歌》以纪其事。这是明代的初次整理和保护。"

"明正德六年（1511），巡按张承仁欲将南宋石经迁置杭州府学，但仁和县学教谕南宁朱壁恳留而止，但总未有妥然保护措施，至正德十三年（1518），巡按、监察御史宋廷佐终于下决心将石经迁于杭州府学（今劳动路府学巷8号），其时仁和县学教谕朱壁已离任他去，亦无从阻拦。这样原贮太学'光尧石经之阁'的石经和其他石刻被迁入杭州府学新址，然石经得到初步保护，置于大成殿两庑廊下，崇祯末年，庑廊圮，于是嵌之于壁。"丁丙说到这里又道："幸喜有迁府学之举，不然下场如何，难以预料。"孙峻颔首称是。这些重要资料将如实载之坊巷志中。

明以后，历清及民国三百余年，虽有兵事及火灾等，但南宋石经以石质坚硬及巨大体重竟至无恙。

重建故阁　石经重生

中华人民共和国成立以来，杭州府学孔庙及南宋石经得到了一定程度的保护，先后成为市及省级文物保护单位。2008 年，杭州市对孔庙进行大修，其中石经阁得以重建，南宋石经经清理入阁得到妥然保护，经清点考证，入阁保护的石经计 85 石，计《易经》1 石，《尚书》7 石，《诗经》10 石，《春秋》48 石，《论语》7 石，《孟子》10 石，《中庸》1 石，另明吴讷《石经歌》1 石，也得以永久保存。

2019 年，国务院决定将杭州孔庙及以南宋石经为主的杭州碑林列入国家重点文物保护单位，南宋石经得到更为妥善的保护，使国之重器，传之千秋万代！

杭州孔庙石经阁

南宋御街　书坊林立

南宋杭州刻书，值得注意的是书坊业的崛起。南宋杭州御街，南从太庙巷口开始，北至众安桥止，在这条十里长的街上，商业繁华，茶楼酒肆林立，更值得注意的是在这条长街上有几十家书坊，我称它是文化一条街，前店后坊，出新刻之书和售古旧之书，充满了文化气息。

在这条长街上的书坊营业很好，其中一个重要的证据是凡与纸字搭界的商铺也刻书。例如猫儿桥有家开纸马铺的钟家，纸马铺是经营焚烧纸扎的人和马匹等的纸扎店，出售以祭奠亡灵。这些店铺，因与“纸”字有关系，店主看到书坊生意好，有利可图，就改营刻书，获利更厚。还有家在国子监附近的郭宅纸铺，居然也刻了唐诗《寒山拾得诗》，这充分说明当时除了主营刻书的书坊外还有许多兼营刻书的书铺。陈起一生以刊刻唐诗为主要的事业，中国文化的瑰宝唐诗得以保存不绝，其功德无量。这件事就发生在这条街上睦亲坊的寻常巷陌中。

南宋御街上刻了多少书，这个问题没有答案。人们常言“一叶宋版一两金”，这其实是明、清时

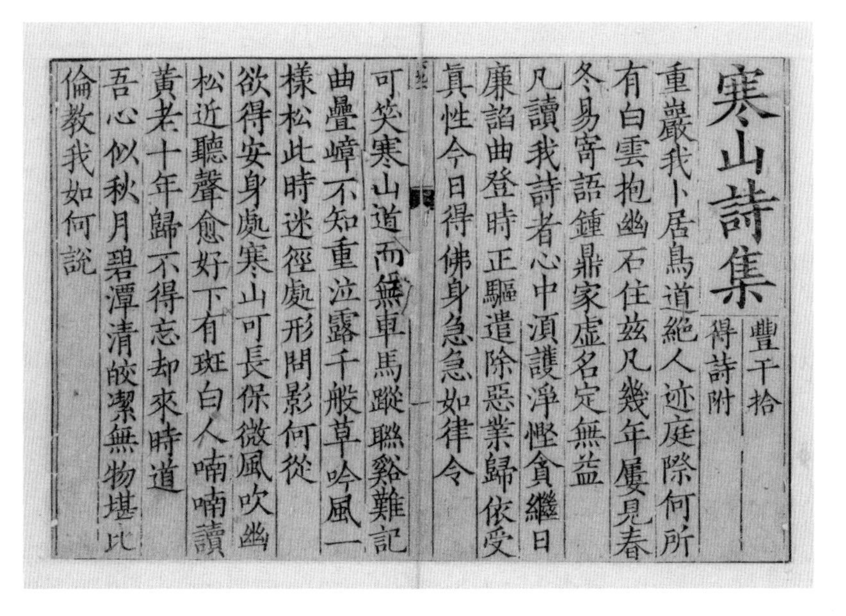

寒山詩集 豐干拾得詩附

重巖我卜居鳥道絕人迹庭際何所
有白雲抱幽石住玆凡幾年屢見春
冬易寄語鍾鼎家虛名定無益
凡讀我詩者心中湏護淨慳貪繼日
廉謟曲登時正驅遣除惡業歸依受
眞性今日得佛身急急如律令

可笑寒山道而無車馬蹤聯谿難記
曲疊嶂不知重泣露千般草吟風一
樣松此時迷徑處形問影何從
欲得安身處寒山可長保微風吹幽
松近聽聲愈好下有斑白人喃喃讀
黃老十年歸不得忘却來時道
吾心似秋月碧潭清皎潔無物堪比
倫教我如何說

南宋时期郭宅纸铺刻《寒山拾得诗》书影

的说法，现在价值远远不止。我曾说过一句话：“如果南宋御街上所刻的宋版书俱在，其价值准可用黄金铺设出一条中山路来。”

如今的中山中路，南宋时叫御街。自从绍兴八年（1138）南宋定都临安（今杭州）后，随着绍兴和议的达成，社会生活日益稳定，杭州也慢慢地繁荣起来。

这条南起和宁门外，北至景灵宫前斜桥的御街，商业发达，店铺林立，十分繁荣。对此，吴自牧的《梦粱录》、周密的《武林旧事》多有记载。在这条繁华的街道上开设了许多商铺，茶楼酒肆，比比皆是，著名的有清河坊的太平楼、和乐楼，众安坊的中和楼，睦亲坊的和丰楼，盐桥街市的太和楼，市河街的春风楼，等等，还有御街中段的三元楼、中瓦前的武林园。这些酒楼门前有彩画装饰，店招飘舞；入门处有绯红、绿色帘幕，门口挂着贴金红纱栀小灯笼；入门又有名贵花木盆景罗列，使用的酒器也颇多金银盏儿。除了酒楼之外，茶坊歌馆也很兴盛，这些茶坊都布置得很幽雅，茶具是珍贵的名窑，茶叶是各地的名茶，为了增加雅趣，四壁还挂有文人字画。至于金银店铺、绸布店庄更不必细说。

在这条繁盛的御街上，还有不少的书坊店铺，出售各种书籍，多为文人雅士所光顾的处所。奇怪的是，御街上的纸店也和别地的不一样，几乎凡是纸店都兼营刻书，慢慢地，这些纸铺也成了书铺，只因书铺获利远在纸铺之上。御街之东还有一条市河，基本与御街平行，和中河流向略同，在中河的丰乐桥的桔园亭还形成了南宋时杭州最大的一个书籍流通市场，杭州当时刻印的宋版书就通过这里流向运河沿线各地，北向苏锡常，南达宁绍一带，书籍成了一种特殊的商品。

有句俗语叫作“一叶宋版一两金”，说的就是流传下来的宋版书的稀缺和珍贵。

我们来见识一下当年的杭州书坊和一些老板吧！

东京开封迁杭的荣六郎书铺，一团和气的荣六郎

荣六郎开的书铺全名叫临安府中瓦南街东印输经史书籍铺。荣家的店招上就是这么写的。南宋有位笔名灌圃耐得翁的先生写了本书叫《都城纪胜》，在《铺席》一门里有这样一段话：“都城天街，旧自清河坊，南则呼南瓦，北谓之界北，中瓦前谓之五花中心。”由此可判断出荣六郎的书坊开在当时最闹热的处所。周密的《武林旧事》卷六《瓦子勾栏》也明确指出“中瓦，三元楼”，又有熙春楼的记载，也可证明荣六郎书铺开在御街的闹热处所。

荣六郎家的书坊，原来开设在东京汴梁相国寺，这也是个十分闹热的处所。相国寺内除可以烧香礼佛外，还开着各种铺子，文化氛围也很浓厚，独多文房清玩和碑帖古籍铺子。当年李清照的丈夫赵明诚在太学读书，夫妻两人每逢初一、十五常徜徉于相国寺的金石古器、版碑书画店铺，赵明诚独好碑版古帖，每每遇到喜欢的碑帖总是倾囊以购。

然好景不长，到了钦宗靖康二年（1127）金兵攻破汴京，掳徽、钦二帝北去，荣六郎带着家眷一路南逃来到杭州，先在湖墅的接待寺安身。一日来到城里，当时御街还不繁华，房价也不贵，荣六郎就在羊坝头附近赁了一家店铺，干起了刻书的老本行，兼营纸张生意。开书坊印书，荣六郎是内行，他素知杭州的刻书名头，先是招了两三个师傅帮忙，自己也参与刊刻，刻些历本柬帖和童蒙读本等简单的书本发买，然后根据顾客和市场需要也注意刻梓经史子集的书籍。

荣六郎中等身材，看上去就是个会做生意的，一脸精干，一副聪明相。他的脑瓜子挺灵，一次他和妻子儿子到西湖边玩耍，来到葛岭，游了葛仙祠，忽而想起自家在东京不是刻过葛洪的《抱朴子》内、外篇吗？当时销路平平，眼见葛洪在杭州受到如此敬重，想来他的书也一定好销。于是归家后检出旧本，请师傅刻印出来，为了让人家知道自家的名号，荣六郎亲自拟定一段话刻在卷二十之后：

> 旧日东京大相国寺东荣六郎家，见（现）寄居临安府中瓦南街东，开印输经史书籍铺。今将京师旧本《抱朴子·内篇》校正刊行，的无一字差讹。请四方收书好事君子幸赐藻鉴。绍兴壬申岁六月旦日。

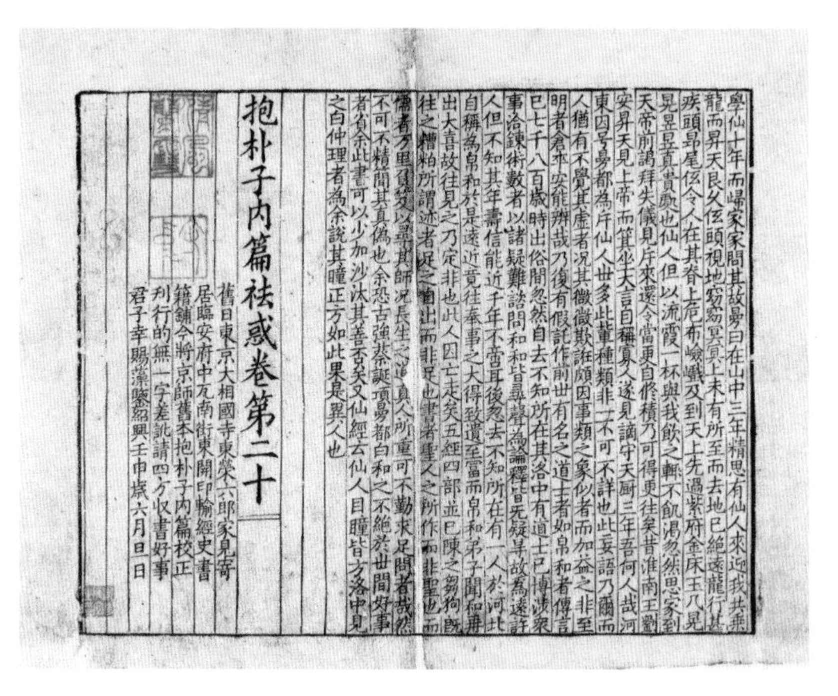
學仙十年而歸家家問其故曰在山中三年精思有仙人來迎我共乘
龍而昇天良久低頭視地窈窈冥冥上未有所至而去地已絕遠龍行甚
疾頭昂尾低令人在其脊上危怖嶮巇及到天上先過紫府金床玉几晃
晃昱昱真貴處也仙人但以流霞一杯與我飲之輒不飢渴忽然思家到
天帝前謁拜失儀見斥來還令當更自修積乃可得更往矣昔淮南王劉
安昇天見上帝而箕坐大言自稱寡人遂見謫守天廁三年吾何人哉河
東因號曼都為斥仙人世多此輩種類非一不可不詳也此妄語乃爾而
人猶有不覺其虛者況其微徹欺詐頗因事類之象似者而加益之非至
明者倉卒安能辨哉乃復有假託作前世有名之道士者如帛和者傳言
已七千八百歲時出俗間忽然自去不知所在其洛中有道士已博涉衆
事洽鍊術數者以諸疑難諮問和和皆尋聲為論釋皆無疑晏故為遠詐
人但不知其年壽信能近千年不啻耳後忽去不知所在有一人於河北
自稱為帛和於是遠近竟往奉事之大得致遺至富而帛和弟子聞和再
出大喜故往見之乃定非也此人因亡走矣五經四部並已陳之芻狗既
往之糟粕所謂迹者足之自出而非足也書者聖人之所作而非聖也而
儒者万里負笈以尋其師況長生之道真人所重可不勤求足問者哉然
不可不精簡其真偽也余恐古強蔡誕項曼都白和之不絕於世間好事
者省余此書可以少加沙汰其善否矣又仙經云仙人目瞳皆方洛中見
之白仲理者為余說其瞳正方如此果是異人也

抱朴子內篇祛惑卷第二十

舊日東京大相國寺東榮六郎家見寄
居臨安府中瓦南街東開印輸經史書
籍鋪今將京師舊本抱朴子內篇校正
刊行的無一字差訛請四方收書好事
君子幸賜藻鑒紹興壬申歲六月旦日

南宋绍兴二十二年荣六郎刻本《抱朴子内篇》（现藏辽宁省图书馆）

绍兴壬申是绍兴二十二年（1152），此可证明南宋初期荣六郎家的书铺已在首都临安（杭州）刻书货卖，是今知南宋临安最早的书坊之一，这家原在汴京的百年老店到临安复业后一直营业到宋亡，又成为一家百年老店。荣六郎书坊刻过葛洪的《抱朴子·内篇》，定然也刻过《抱朴子·外篇》，《内篇》如今保存在辽宁省图书馆。

由此我们可以推断出荣六郎家在南宋期间一定刻过很多书，只是由于年代久远，这些书没有流传下来而已，这个估计是不会错的。

荣六郎是个精于算计的人。他不仅刻了葛洪的书，还送了一部在葛岭的葛仙祠供奉，谁知被读书人看见了，特地跑到城里荣家书坊指名要买这部书，荣六郎赶快加印了六十部。荣家书坊从此广为人知，业务的路子越来越宽。

葛岭仙迹（出自《西湖佳话古今遗迹》）

太庙巷口的尹家书坊

尹家书坊的老板是杭州本地人，早岁读书中了秀才，自负读书有成，但后来几次秋闱不中，就干脆弃举从商，开了一家书铺。这家书铺开在皇城北门和宁门外的太庙巷口。太庙是祭祀宋代历代先皇的所在，宋高宗始建，以后历代续建，以祭祀已逝的历代先皇。关于尹家书铺，南宋末年吴自牧撰《梦粱录·铺席》专门记有“太庙前尹家文字铺”，证明尹家书铺宋末时尚在，是一家颇有影响力的书铺。现在我们知道这家书铺刻的书有十种左右，是现今所知刻书最多的书铺之一，这主要是世有传本或后人有记载的缘故。

尹家书铺全称“太庙前尹家文字铺”，或者称为“临安府太庙前尹家书籍铺”，这是我们从“尹家书铺”所印书籍中的书牌上得知的。这也是判断书籍的刊印者，是官刻、私刻还是坊刻的主要依据。

据现存尹家书铺刻书可知，尹家书铺所刻书主要为唐宋时的子部书，唐人诗集也有刻印，如唐段公路的地理书《北户录》、唐人元结的诗集《箧中集》等，宋代何薳的《春渚纪闻》则多记艺文琐事，仙怪报应之说亦有涉及，还有如宋代徐度的《却扫编》等。

我们现在还知道，这尹家书铺既刻印新书在店肆出售，又兼销售旧书。宋末学者周密在《癸辛杂识》续集中曾记载这样一件事：

> 先子向寓杭，收拾奇书。太庙前尹氏书肆中，有彩画《三辅黄图》一部，每一宫殿绘画成图，极精妙可喜，酬价不登，竟为衢人柴望号秋堂者得之。

这段话的大意是说：周密的父亲一向住在杭州，喜欢收藏各类奇书。有次在尹家书铺见有一部《三辅黄图》，这部书主要记载汉时长安（今西安）古迹，对汉代宫殿苑囿所记尤详，除了文字以外，都是彩绘的宫殿，十分精美。这是一本旧书，又是个抄本，插图都是彩色，可见不俗，售价很高。周密的父亲周鼎一时没有带够钱未能成交，待得回家凑足钱再去时，此书已为衢州人柴望购去，周鼎懊丧不已。

从这条记载中可以看出，南宋时杭州的书铺既卖新刻之书，又卖旧书和抄本，经营十分灵活。

尹家刻书，明清时尚有传本，如尹家刻《续幽怪录》四卷，原藏吴县（今苏州）郑桐庵秋水轩，后归杭州鲍廷博知不足斋，乾嘉间归吴县著名藏书家黄丕烈，黄独爱藏宋版书，有百宋一廛藏书处，自称佞宋主人，据其

續幽怪錄卷第一
李 復言 編
楊恭政
楊恭政虢州閿鄉縣長壽鄉天仙村田家女也
年十八適同村王清其夫貧力田楊氏奉箕帚
供農婦之職甚謹夫族目之曰勤力新婦性沉
靜不好戲笑有暇必洒掃靜室閉門閑居雖隣
婦狎之終不相往來生三男一女
元和十二

而歸及明望其村火已極目大樹或露梢而已
不復有人其後竟以兵權靜寇難功蓋天下而
終不及於相豈非偽奴之不得乎世言關東出
相關西出將豈東西而喻耶所以言奴者亦旨
下之象向使二奴皆取即位極將相矣
續幽怪錄卷第四
二冊統五十有八番全 十五

临安府太庙前尹家书籍铺刊印《续幽怪录》书影

所载尹家书铺所刻《续幽怪录》的版式为书框高 18.5 厘米，阔 12.5 厘米，九行，行十八字，此书现藏中国国家图书馆。

明代姚舜咨七十五岁高龄时曾抄写尹家所刻《续幽怪录》一书一帙以珍藏。民国间大藏书家傅增湘曾以“笔迹古茂，有老树著花之姿，绝可爱玩”评之，可见历代藏书家对尹家刻书之重视。

猫儿桥河东岸开笺纸马铺钟家

猫儿桥即平津桥，俗呼猫儿桥，在御街之东小河旁，其位置与荣六郎家相近，在其东面。猫儿桥在南宋时也是个热闹去处。吴自牧《梦粱录》卷十三记此处铺席有猫儿桥魏大刀熟肉铺、潘节干熟药铺……平津桥沿河布铺、黄草铺、温州漆器、青白瓷器等商铺，钟家纸马铺即在其中。

杭州旧有一种纸马铺，至民国间尚存，主要是用纸扎人马等，以供送亡者之用，在坟头焚化，若要形象化即类似今天的花圈店。纸马铺主要商品用纸加工，开始应是主业，后来因刻书业兴旺发达、利润丰厚，就改营书铺，主要用料亦是纸张。

钟家纸马铺老板单名一个旺字，膝下只有一女名叫招弟，结果弟未招来，钟旺只得招了个入赘女婿李六。李六早岁读过几年私塾，连童生也考不上，但头脑活络，一日对丈人钟旺言道："近处开封来的荣六郎与杭州中过秀才的张官人开的书铺营业日佳，日子也越来越好过，我们何不也刻些书货卖？"钟旺一想也对，来买纸马的都是中人之家，一众穷人死了也不会来买纸马，回道："纸马这营生仍旧我来做，你可找些匠人前来刻书。"就这样，钟家的纸马铺就兼营刻书了。

钟家刻了多少书史无记载，但从刻过大部头的《文选》可推知，其所刻之书当不在少数。这部《文选》为唐代的吕延济、刘良、张铣、吕向、李周翰所注，世称《文选五臣注》。这部钟家所刻《文选五臣注》现在尚存有二卷：卷二十九藏北京大学图书馆；卷三十藏中国国家图书馆。在卷三十后有"钱唐鲍洵书字""杭州猫儿桥河东岸开笺纸马铺钟家印行"字样，这两行字颇有讲究，一是鲍洵书字，表明此为鲍洵所书写板样，便于结算工资等，古书中刻字匠人留名并不仅此一处；另一则称"书牌"，犹今之印行和出版单位，后人据此判断刻梓单位。

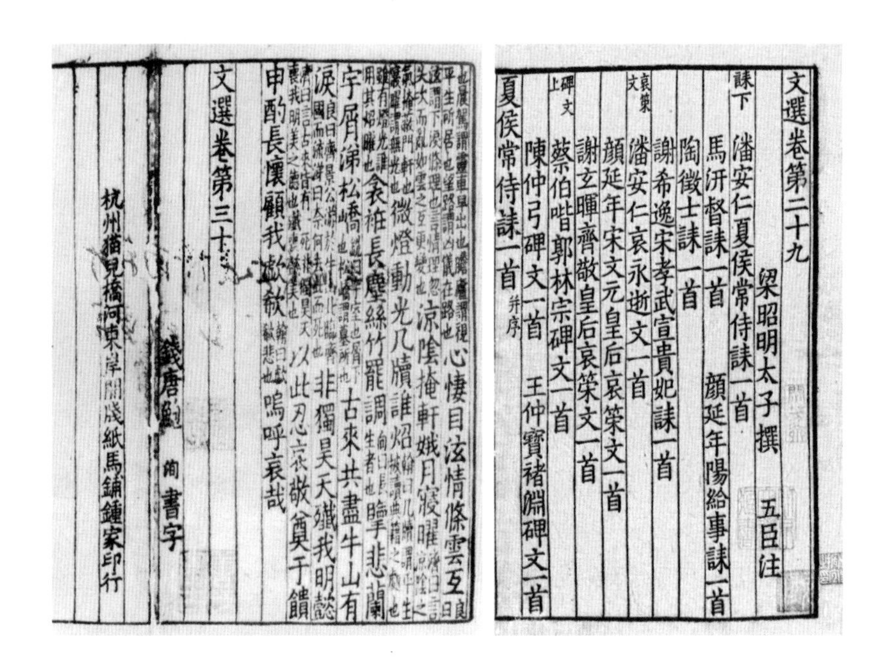
文選卷第二十九　梁昭明太子撰　五臣注

誄下

潘安仁夏侯常侍誄一首　顏延年陽給事誄一首

馬汧督誄一首

陶徵士誄一首

謝希逸宋孝武宣貴妃誄一首

哀策文

潘安仁哀永逝文一首

顏延年宋文元皇后哀策文一首

謝玄暉齊敬皇后哀策文一首

碑文上

蔡伯喈郭林宗碑文一首

陳仲弓碑文一首　王仲寶褚淵碑文一首

夏侯常侍誄一首 并序

心悽目泫情條雲互

微燈動光几牘誰炤　涼陰掩軒娥月寢耀

衾袵長塵絲竹罷調　睹拏悲蘭

宇屑涕松嶠　古來共盡牛山有

淚　非獨昊天殲我明懿

以此忍哀敬奠干饋

申酹長懷顧我傚欷　嗚呼哀哉

文選卷第三十

錢唐鮑洵書字

杭州猫兒橋河東岸開牋紙馬鋪鍾家印行

南宋杭州猫儿桥河东岸开笺纸马铺钟家刊印《文选五臣注》书影

中瓦子张家书铺

这家书铺全称张官人诸史文籍铺。张官人单名一个升字，小名倌儿，是杭州本地人，曾经中过秀才，但怎么也考不中举人。因他识文断字，人都称他为张官人。张官人的岳父倒是个饱学之士，读了一肚子的书，有个独女秀儿就许给了张升。这秀儿虽是女流之辈，但自小跟从父亲读了不少诗书。自打张官人开了书铺，他岳父和妻子在后面帮了不少忙，所刻印之书也颇受读书人的欢迎。在中瓦子一带的书铺中，张家也颇有点名头。

张家书铺自南宋至元初一直存世，也是一家百年老字号。

关于张家所刊之《大唐三藏取经诗话》三卷，鲁迅在《中国小说史略》第十三篇《宋元之拟话本》中有所论及。鲁迅说：

《大唐三藏法师取经记》三卷，旧本在日本，又有一小本曰《大唐三藏取经诗话》，内容悉同，卷尾一行云“中瓦子张家印”，张家为宋时临安书铺，世因以为宋刊，然逮于元朝，张家或亦无恙，则此书或为元人撰，未可知矣。

南宋时杭州的书铺除了在中瓦子这个书铺集中地的几家外，还有一些在中瓦子北面的睦亲坊一带。这里至今还保留着一个南宋的老地名——棚桥。这里的书铺有陈起的陈道人书籍铺、陈思书肆、临安府众安桥贾官人经书铺、沈三郎经坊、王廿三郎经坊等等。这里还有南宋贵族子弟学校宗学，还有大酒楼中和楼，故而也是个热闹去处。

亦官亦商的陈思书肆

陈思是地道的钱塘人士，学问很好，因为陈起刻书有个店招书牌称陈道人书籍铺，又因陈思自称小陈道人，有人便误会陈思是陈起的儿子，此说误。道人在南宋时是对业书者的称呼，故陈思既不是道士，他俩也不是父子。陈思的生平我们知之不多，只知他是一位学者，写过不少书，例如《海棠谱》《书小史》《小字录》，编刻的书有《宝刻丛编》《书苑菁华》《两宋名贤小集》等，著述颇多，是位学者型书商。陈思还做过小官成忠郎，担任过缉熙殿、秘书省的搜访。搜访就是图书采购员，缉熙殿是宋理宗的藏书殿，也是理宗皇帝和臣子们研讨理学的地方，对书的需求量很大。还有秘书省，就是南宋的国家图书馆，也是大量需要书的机构，陈思的职务就是为这两家需书大户搜购图书。

搜访员工薪低微，陈思又是上有老下有小的，家口比较多，负担也比较重，他想辞掉这个职务，但别无所长，

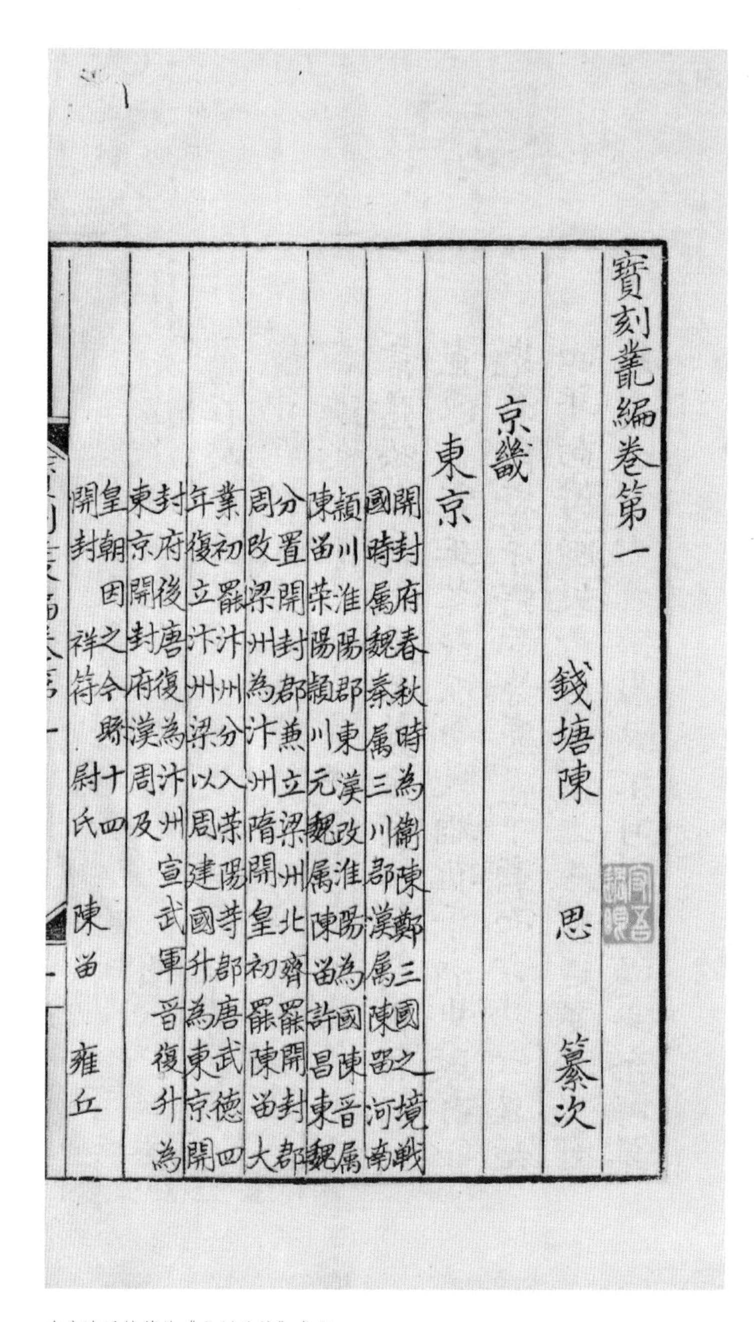
寶刻叢編卷第一
錢塘陳　思　纂次
京畿
東京
開封府春秋時為衞陳鄭三國之境戰
國時屬魏秦屬三川郡漢屬陳留河南
潁川淮陽郡東漢改淮陽為國陳晋屬
陳留滎陽潁川元魏屬陳留許昌東魏
分置開封郡兼立梁州北齊罷開封郡
周改梁州為汴州隋開皇初罷陳留大
業初罷汴州分入滎陽等郡唐武德四
年復立汴州梁以周建國升為東京開
封府後唐復為汴州宣武軍晋復升為
東京開封府漢周及
皇朝因之今縣十四
開封　祥符　尉氏　陳留　雍丘

南宋陈思编纂的《宝刻丛编》书影

思之再三，决定在自家住处开墙设个旧书肆，代售别家新刻之书，兼收购旧书。谁知时常有人前来光顾，凡卖旧书的找到陈思，他便酌价收购，但凡缉熙殿、秘书省需要之书，他总是先挑选出来送去，这比他此前到处转悠寻觅书册效果好得多，上官对他也连连称赞。

与此同时，陈思将自己所编纂之书如《宝刻丛编》《书小史》《书苑菁华》《海棠谱》等都刻印出来发售，也颇受欢迎。陈思的这种特殊身份，与当时一些大学者和官员都有交谊，例如当过高官也是大学者的魏了翁就和陈思很熟，多有交往。陈思的《宝刻丛编》编好后，在刻印之前就请托魏了翁写一篇序言，魏了翁很高兴地答应了，并在序言中说：我这个人没有别的嗜好，就是喜欢书，书癖这个毛病看来是无法医了。临安陈思平时为我收书，每逢有好书都告诉我。他对书很熟悉和有研究。每逢问及有关问题，我刚提出，他即娓娓而谈，真所谓是“辄对如响”。一日，他将所编集的《宝刻丛编》书稿送来，要我写几句话。啊！他经营买卖，而对书籍知识如此熟悉，有的读书人反不如他，不禁掩卷叹息，就写了几句话算作是序。魏了翁还为陈思的《书苑菁华》也作了序，多有称赞之词。

陈思是南宋书商中最有学问和最懂书的书商之一。

临安府众安桥南街东开经书铺贾官人宅

贾官人名不详，官人是对他的尊称，他的书铺开在众安桥南街之东，也是临安城里一家小有名气的经书铺子。他印的书尚有两种传世，一种叫《佛国禅师文殊指南图赞》，署名刻印的店铺名字是“临安府众安桥南街东开经书铺贾官人宅印造”，有美术史家称此书为我国最早的连环画，上图下文，绘的是善财童子五十三参，

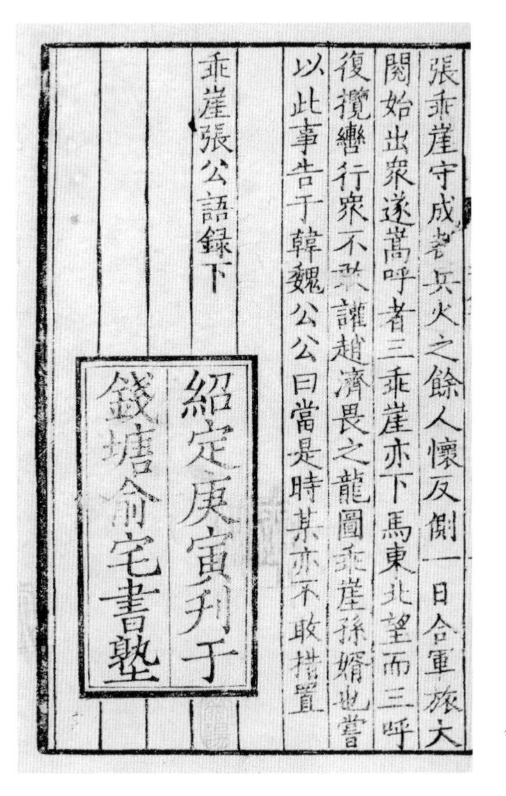
張乖崖守成都兵火之餘人懷反側一日合軍旅大
閱始出衆遂嵩呼者三乖崖亦下馬東北望而三呼
復攬轡行衆不敢讙趙濟畏之龍圖乖崖孫婿也嘗
以此事告于韓魏公公曰當是時某亦不敢措置

乖崖張公語錄下

紹定庚寅刊于
錢塘俞宅書塾

钱塘俞宅书塾刊印《乖崖张公语录》书影

图像妙相庄严，绘刻精工，这为杭州明代书籍插图开了先河。《佛国禅师文殊指南图赞》一书据说现藏日本。另有一部是《妙法莲华经》，扉页同样有插图。除此之外，贾官人还刻了哪些书就无据可查了。

南宋临安书坊除了上述的几家外，还有散处在大街小巷的，例如钱塘王叔边书铺，曾刻印过《汉书》《后汉书》，钱塘俞宅书塾刻印过《乖崖张公语录》，杭州钱塘门里车桥郭宅纸铺刻印过《寒山拾得诗》等，总共加起来有十余家之多。但这不是全部，根据我的估计，大约是总数的十分之一。由此概见南宋书坊业之繁荣。

当然南宋杭州最有名的书商是以刊刻唐诗知名的睦亲坊陈宅经籍的陈起，这在下面要专篇介绍。

诗刊遍唐　陈起功巨

中国古代文学中，人们公认可列入世界文学之林的是唐诗、宋词、元曲、明清小说，这些文学体裁不仅在中国广为人知，世界上爱好文学的人也并不陌生，就像我们知道莎士比亚的四大悲剧和托尔斯泰的《战争与和平》、歌德的《浮士德》一样。

单说唐诗。传世的唐诗有五万多首，实际上当然肯定不止。但是，北宋"靖康之乱"，金人攻占汴京，他们焚烧抢劫，看到宫中和秘书省藏着的典籍，便连同金银珠宝都车载马运而去，当时他们不知这些书籍的价值，一路丢弃，人践马踏不知损失了多少。民间藏书家的藏书也是如此遭遇，从李清照留下的文字可知，她逃难时携有十余辆大车的书籍，一路逃一路丢，到杭州时只剩下一部丈夫赵明诚的《金石录》手稿，实际上她当时还有唐人写本李、杜、韩、柳集，这可是比人们所说的"一叶宋版一两金"更珍贵的唐人写本啊！

南宋第二位皇帝宋孝宗赵昚是位热爱唐诗的皇帝，他想读唐诗就派内侍去找，寻来觅去只找来几百首，少且不说，而且文字错乱，不可卒读，这是南宋初年的“书荒”现状。

宋宁宗时杭州有位藏书家、刻书家陈起，他考中了浙江的头名举人，却不去做官，而是继续收藏和刻印唐诗，并以此为终身事业。所以他的朋友称他是“诗刊欲遍唐”，王国维称赞“唐人诗得以流传至今，陈氏刊刻之功为多”。

陈起有功于唐诗的传布，他对民族文化的功劳怎么评述也不为过，可他的遭遇呢？

南宋御街众多的书坊主人中，最了不起、对中国文化贡献最大的就要数杭州棚桥大街睦亲坊陈宅书籍铺的主人陈起，他的命运也最悲惨，因为刻书无意间卷入一宗诗案而被流放，书板被劈毁弃，后半生颠沛流离，十分悲惨。

陈起，字宗之，一字芸居，他是南宋诗人，著有诗集《芸居乙稿》，他也是一位藏书家，温州“永嘉四灵”之一的诗人赵师秀曾到他的寓所看望这位后辈，有《赠卖书陈秀才》诗相赠：

四围皆古今，永日坐中心。
门对官河水，檐依绿树阴。
每留名士饮，屡索老夫吟。
最感春烧尽，时容借检寻。

从这首诗中，既可看出陈起的日常生活，也可看出老一辈诗人对陈起的倚重。他的朋友黄顺之有诗赞他：“羡君家阙下，不踏九衢尘。万卷书中坐，一生闲里身。”陈起的职业是个书商，叶绍翁有诗说：“随车尚有书千卷，拟向君家卖却归。”陈起是个孝子，杜子野称赞他：

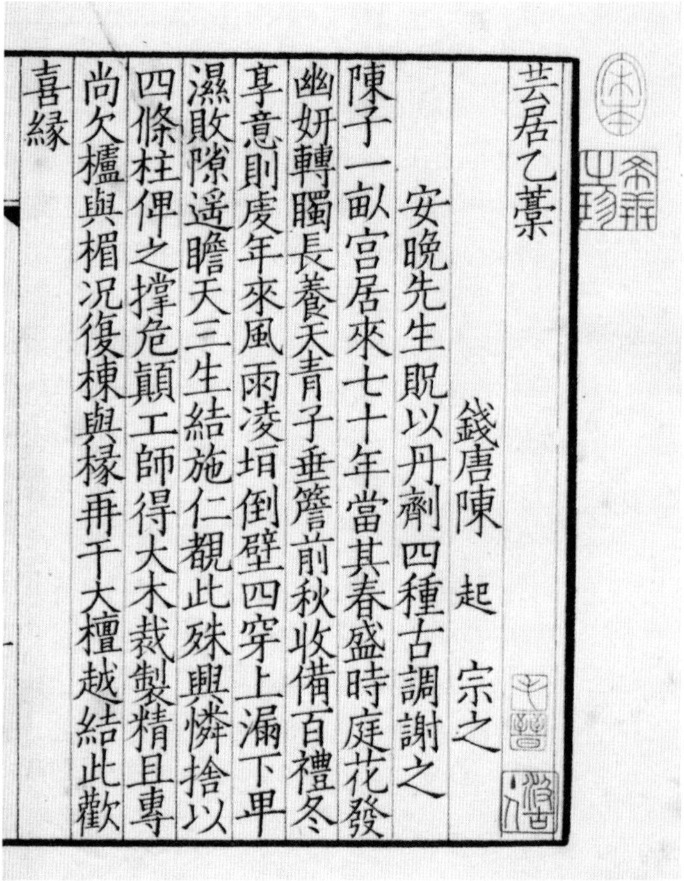

芸居乙藁

錢唐陳　起　宗之

安晚先生貺以丹劑四種古調謝之

陳子一畝宮居來七十年當其春盛時庭花發幽妍轉矚長養天青子垂簷前秋收備百禮冬享意則虔年來風雨凌垣倒壁四穿上漏下卑濕敗隙遥瞻天三生結施仁覩此殊興憐捨以四條柱俾之撐危顛工師得大木裁製精且專尚欠櫨與楣况復棟與椽再干大檀越結此歡喜緣

陈起《芸居乙稿》书影

“往年曾见赵天乐，数说君家书满床。成卷好诗人借看，盈壶名酒母先尝。”这诗里说到他的母亲，缘何不提他的父亲?

堂堂举人，不愿当官，宁作书坊主

原来陈起之父早已下世。陈父名立，字育恩，杭州世家出身，早先读书，也只得中个秀才，空有一肚子学问，终日只是郁郁寡欢，读唐诗以消遣，李、杜、韩、柳、高、岑、元、白的诗读了不少。一日听坊间说起当朝的皇帝（孝宗）也爱读唐诗，命内侍找唐诗本子，仓促之间只找来几百首，且错误甚多。陈立听说此事，便把孝宗视作知音，又听说洪学士洪迈正在收集唐人绝句要恭呈御览，心想自己何不开个书坊编刊唐诗。说干就干，陈立在睦亲坊棚桥大街开了一家陈宅书籍铺来，雇佣了一批刻字匠人，托内弟李甲照管营业，自己照旧每日上到太庙下及众安桥的新旧书坊寻访搜购，见有唐诗新旧写本、刊本便买来，然后让内弟安排匠人刻印。一日，陈立突感风寒，没想到病况愈来愈重，遂叫来儿子陈起吩咐道：“我的病日见沉重，不见好转，今有二事嘱咐：一是我走后你要孝敬你母，你母的养育之恩不能忘记。二是你读书素来敏悟，现在中了秀才，望你今后中个举，光我陈家门楣，我亦望你以后能中个进士，谋个一官半职。富贵在天，我也不勉强你。若喜刻书，可继承家业，续事刊刻，尤要继我遗志，努力遍刻唐诗，我陈家刻书要诗刊欲遍唐呀！唐诗正是我国家之瑰宝呀！”陈起跪在父亲病榻前说：“儿谨记父命，孝敬老母，继续刻印唐诗，以为终身事业。对于功名一途，儿实不以为意，能中举最好，不中亦无妨。”陈立点了点头，表示赞许。陈起的母亲李氏听他父子俩如此说，只是垂泪不已。

父亲死后，陈起在舅氏李甲的帮衬下继续陈宅书籍铺的营生。

一日，陈起正在刻印唐李太白的诗集，忽然想起当年父亲收集的一批唐诗中夹着几张古意盎然的纸张，中有李白诗的几页比较完整，遂找将出来，让工匠裱好。只见纸上抄录着李太白一诗《将进酒》，题作《惜罇空》，与前朝刻的《将进酒》文字亦有歧异。还在踟蹰不定用何本子之际，舅舅李甲过来问他痴立为甚？陈起遂一五一十地说了，自己说拿不准如何才好。李甲言道：“等会赵老诗人不是应邀前来饮酒吗，到时何不向他请教。”陈起想想也是。及至午间，赵师秀先生到来，陈

王建詩集卷第六
律詩三十首
寄杜侍御
何須服藥覓昇天粉閣爲郎即是仙買宅但幽
從索價栽松取活不爭錢退朝寺裏尋荒塔經
宿城南看野泉道氣清凝分曉爽詩情冷瘦滴
秋鮮學通儒釋三千卷身擁旌旗二十年春巷
偶過同户飲暖窻時語對床眠破除心力緣書
癖傷損花枝爲酒顛今日惣來歸聖代一作今日德雖
單馬地丈人先達幸相憐

南宋杭州陈起刊印《王建诗集》，牌记为“临安府棚北睦亲坊巷口陈解元宅刊印”

起迫不及待地拿出那几张纸请教。赵师秀答道：“此纸字迹颇有唐人笔意，好好保管珍惜。你今刻李太白集用何朝本子？”陈起答道：“用的是前朝汴本，此本也及七八十年了。”赵师秀说：“既然如此，还是用汴京旧刻吧。至于此诗意笔意颇有来头，我听闻前朝李清照女史收藏唐诗颇多，靖康后南奔时所携书，其中即有写本李、杜、韩、柳诸集，后亦散佚在浙东一带，令尊所藏散叶会不会就是她的散佚之页？若是，则十分珍贵，你要保存好，将来再细究。”陈起承教谢过。

陈起原本是秀才出身，父死三年后在宁宗年间参加发解试，一考中了头名，即是人们俗称的解元公。其时匠人正在刻印唐人王建的诗集，发榜之日，禀明母亲，在刻书书牌和坊招上加了个名号叫作“临安府棚北睦亲坊巷口陈解元宅刊印”一行字。此书现在还有孤本传世，藏在上海图书馆，而且还是初印本，刷印技艺十分精湛。

陈起中举以后，杭州御街上的书坊老板和陈家的亲朋好友纷纷前来祝贺，陈家的亲戚们感到面子上特别有光，书坊老板们同样如此，感到刻书虽非贱业，但历数杭城书坊业主，还没有出过一个举人，而且是头名解元，都好像自己中了举一样，热情作贺。祝贺的人纷纷问及陈起将来作何打算，都希望他当官作宦，也是一片诚心。

待得酒过三巡，陈起起身向众人环揖一礼言道："多承各位叔伯和同行前辈前来祝贺，余感激莫名。起奉先父遗命，要遍刊唐诗，故功名事小，父命为大，我已立下宏愿，自今而后继续刊印唐诗。诸位皆知，自从靖康乱后，金人涂炭我大宋生灵之外，又灭我大宋传统，诗书或焚，或任凭人践马踏，所损太过严重，尤其是大唐瑰宝唐诗百不存一，起立志尽刻唐诗，留下这份遗产，请各位长辈同行助我！"众人听了自是无话可说，纷纷称赞。当然也有人看他如此立志，暗地里连称可惜，毕竟还是做官好呀！但人各有志不能勉强。陈起这一番话，后人书史研究者顾志兴有言谓曰："陈起不谋仕进，中国少了一个县处级的芝麻绿豆官，却靠他保存了中国人引以为自豪的唐诗的大部分，成就了一个伟大的刻书家，保护了中国引为自豪的唐诗，在中国文化史上陈起是一位功臣，两者相较孰轻孰重不言自明的了。"

陈起刊刻唐诗知多少

唐诗、宋词、元曲、明清小说都是我中华文学瑰宝，以此饮誉世界。有唐一代究竟有多少唐诗？这可能是个永远也说不清的问题，但参考数据是有的。清康熙四十四年（1705）编的《全唐诗》据明人本子收诗四万八千九百余首，作者有二千二百余人，这是个比较权威的数字。中华人民共和国成立以来，学术界加以补辑，据陈尚君纂辑的《全唐诗补编》又得诗四千三百余首，作者一千余人，两者相加共有五万三千余首，这可能是今天所知唐诗的一个总数。中国能保存这么多唐诗，这中间有陈起的一份功劳在。

书籍是文化的载体，但它又是十分脆弱的。晚唐分裂为五代十国，干戈纷扰，书籍损毁自毋庸赘言。到了北宋承平百年后，又遭靖康之难，书籍又一次遭逢大劫难。《宋史》卷二〇二《艺文一》说："迨夫靖康之难，而宣和、馆阁之储，荡然靡遗。"皇家馆阁之书，或为北兵搜掠而去，或人践马踏已无完书。而民间藏书以李清照为代表，南逃途中不得不"先去书之重大印本者……后又去书之监本者……凡屡减去，尚载书十五车"，包括唐人写本李、杜、韩、柳诸集，但最终还是难逃散佚的悲剧（李清照《金石录后叙》）。

陈起就是在这样的"书荒"情况下孜孜不倦地刻印唐诗的。陈起死后，他的老朋友周端臣有挽诗云："天地英灵在，江湖名姓香。良田书满屋，乐事酒盈觞。字画堪追晋，诗刊欲遍唐。""字画堪追晋"赞誉陈起之书画，"诗刊欲遍唐"则是咏陈起刊刻唐诗之事业。

陈起究竟刻印了多少唐诗？现在很难说出一个具体的数字，但据存世刻本及清至民国早年藏书家著录所见，陈起刻的唐诗就已不是一个小数目：

《孟东野诗集》十卷，唐孟郊撰，署"临安府棚前北睦亲坊南陈宅经（书）籍铺印"；

《李贺歌诗编》十卷，《集外诗》一卷，唐李贺撰，书牌同上；

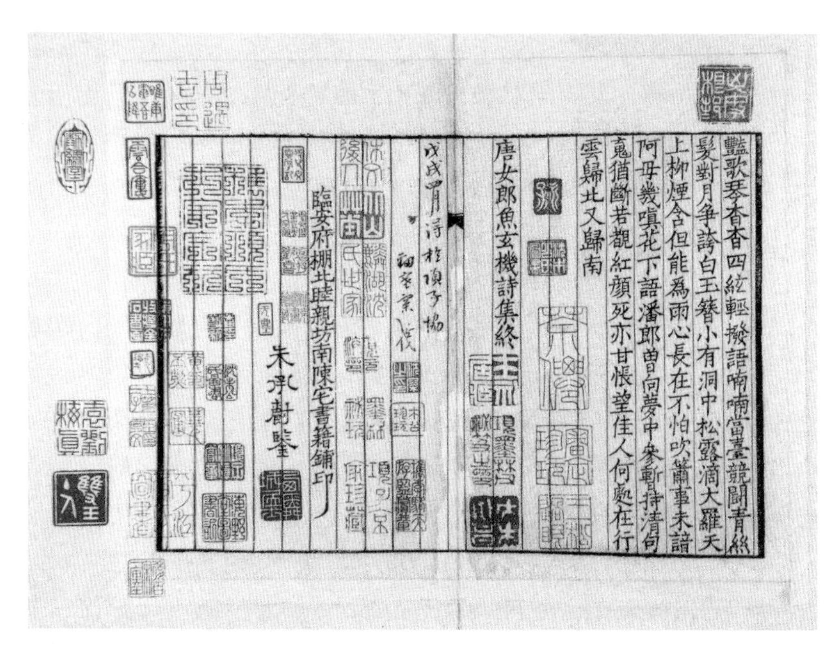
豔歌琴杳杳四絃輕撥語喃喃當臺競鬪青絲
髮對月爭誇白玉簪小有洞中松露滴大羅天
上柳煙含但能為雨心長在不怕吹簫事未諳
阿母幾嗔花下語潘郎曾向夢中參暫持清句
魂猶斷若覩紅顏死亦甘悵望佳人何處在行
雲歸北又歸南
唐女郎魚玄機詩集終

臨安府棚北睦親坊南陳宅書籍鋪印

朱承爵鑒

陈宅书籍铺刻本《唐女郎鱼玄机诗集》书影

《浣花集》十卷，蜀韦庄撰，书牌同上；

《甲乙集》十卷，唐罗隐撰，书牌同上；

《唐求诗》一卷，唐唐求撰，书牌同上；

《于濆诗集》一卷，唐于濆撰，书牌同上；

《张蠙诗集》一卷，唐张蠙撰，书牌同上；

《周贺诗集》一卷，唐周贺撰，书牌同上；

《碧云集》三卷，南唐李中撰，书牌同上；

《唐女郎鱼玄机诗集》，唐鱼玄机撰，书牌同上；

《朱庆余诗集》一卷，唐朱庆余撰，书牌同上；

《唐常建诗集》二卷，唐常建撰，书牌同上；

《韦苏州集》十卷，唐韦应物撰，唐李群玉撰，书牌同上；

《李群玉诗集》三卷，《后集》五卷，书牌同上；

《李推官披沙集》六卷，唐李咸用撰，书牌同上；

《王建集》十卷，唐王建撰，书牌为“临安府棚北睦亲坊巷口陈解元宅刊”；

《唐僧弘秀集》十卷，宋李龏编，书牌为“临安府棚北北大街陈解元宅书籍铺刊印”；

《李丞相诗集》二卷，南唐李承勋撰，书牌为“临安府洪桥子南河西岸陈宅书籍刊”；

《分门纂类唐歌诗》一百卷，宋赵孟奎编，此书为残卷，无书牌，今藏国家图书馆。经专家考订，从刻书风格、字体等综合研究此书亦为陈起书棚本。

以上所列为陈起刻印唐诗留传下来的绝少部分，见于清至民国早年各家著录，部分现保存在国内外各大图书馆。

跨越时空的陈起书棚本研讨会

为了搞清陈起刻印唐诗问题，本人发起了一个研讨会，邀请清代以来各位名家一起讨论。

与会者（以时代先后排列）：

黄丕烈，字荛圃，清乾嘉学人，苏州藏书家，酷爱宋版书，自称佞宋主人，藏书处称百宋一廛。

丁丙，清末人，杭州藏书家，藏书处称八千卷楼，所藏极富，清末四大藏书楼之一。

李盛铎，民国初藏书家，所藏极富。

傅增湘，民国初藏书家，曾任民国教育总长，所藏极富。

王国维，民国初国学大师，著有《两浙古刊本考》，研究精深。

赵万里，著名版本目录学家，长期服务于国家图书馆。

记录：顾志兴，21 世纪人。

发言纪要：

黄丕烈："首先谈一下陈起书棚本刻书之精。'此唐人《朱庆余诗集》，目录五叶，诗三十四叶，宋刻之极精贵，余以番钱十元，易诸五柳居。初书主人有札来云：'尊藏书棚本《朱庆余集》有否，有人托售，价贵。'余即订期往观。是日肩舆出金阊，过而访焉，见案头有红绸包，知必是书在其中，故郑重若斯。携归与旧藏钞本勘之，虽行款相同，总不及宋刻之真。……嘉庆癸亥闰二月，荛翁记。'"（《士礼居藏书题跋记》卷五）

傅增湘："虞山瞿氏藏宋刊《朱庆余诗集》，每叶二十行，行十八字，卷末有'临安府睦亲坊陈宅经籍铺

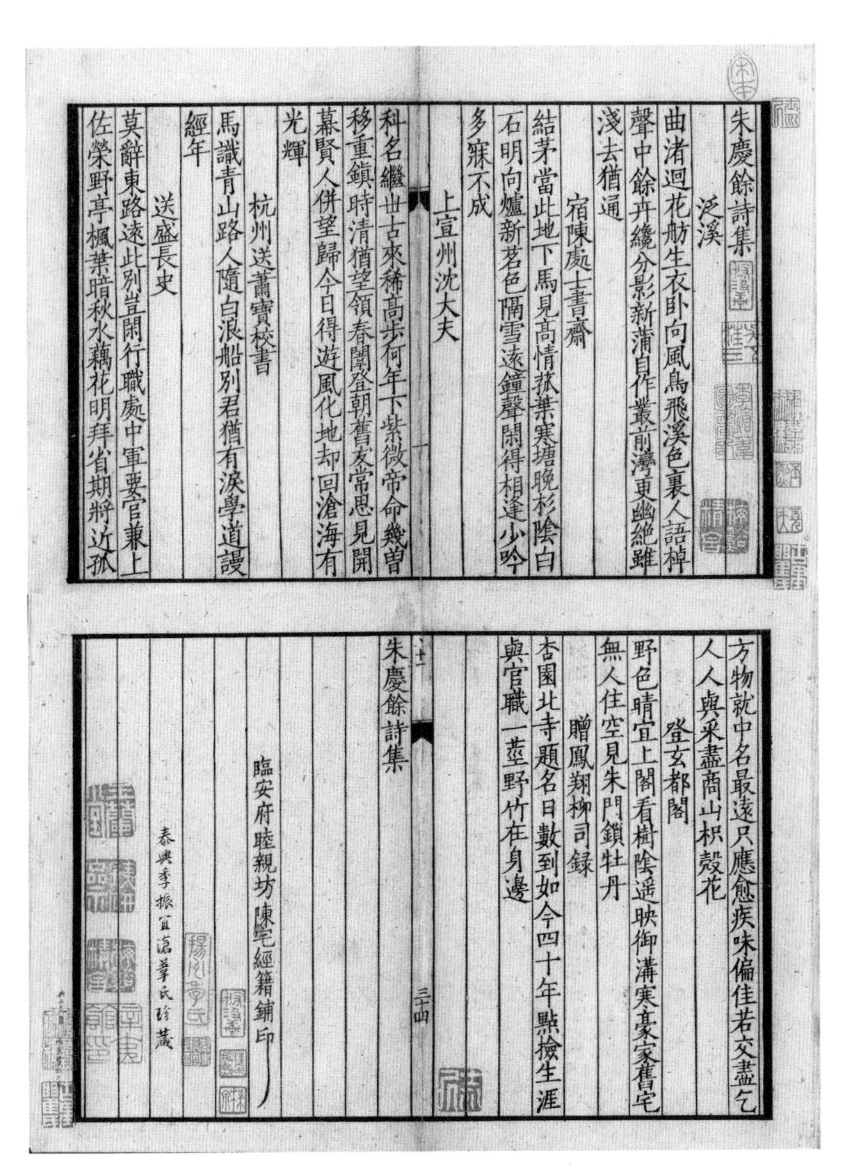

朱慶餘詩集

泛溪

曲渚迴花舫生衣卧向風鳥飛溪色裏人語棹聲中餘卉纔分影新蒲自作叢前灣更幽絶雖淺去猶通

宿陳處士書齋

結茅當此地下馬見高情菰葉寒塘晚杉陰白石明向爐新茗色隔雪遠鐘聲閑得相逢少吟多寐不成

上宣州沈大夫

科名繼世古來稀高步何年下紫微帝命幾曾移重鎮時清猶望領春闈登朝舊友常思見開幕賢人併望歸今日得遊風化地却回滄海有光輝

杭州送蕭寶校書

馬識青山路人隨白浪船别君猶有淚學道謾經年

送盛長史

莫辭東路遠此別豈閑行職處中軍要官兼上佐榮野亭楓葉暗秋水藕花明拜省期將近孤

方物就中名最遠只應愈疾味偏佳若交盡乞人人與采盡商山枳殼花

登玄都閣

野色晴宜上閣看樹陰遥映御溝寒豪家舊宅無人住空見朱門鎖牡丹

贈鳳翔柳司録

杏園北寺題名日數到如今四十年顆捻生涯與官職一莖野竹在身邊

朱慶餘詩集

臨安府睦親坊陳宅經籍鋪印

泰興季振宜滄葦氏珍藏

南宋临安府陈宅经籍铺刊本《朱庆余诗集》书影

印’一行，即前人所称书棚本也。”（《藏书群书题记》卷十二《校〈朱庆余诗集〉》）

赵万里：“吾郡丁丙先生曾藏影宋本《唐女郎鱼玄机诗》，‘卷后有临安府棚北睦亲坊陈宅书籍铺印’，丕烈先生曾藏原刊本，今在国家图书馆。余编《中国版刻图录》称：‘此书镌刻秀丽工整，为陈家坊刻本代表作。’众位可有异议？”

众答：“是，同意。”

李盛铎：“余代读袁寒云先生跋文一则。其曰：‘《唐僧弘秀集》残本，存一至八卷，陈氏书棚本也。唐人小集盛于棚本，明时覆刻尤夥，精者几可乱真，而真本之存于今者不过聊聊知名数种，此其一也……’”（《木樨轩藏书及书录》）

丁丙：“寒云克文先生所言极是。吾杭宋代陈起书棚本当时遍刻唐诗，今日无法考知，然明本唐人集诗每叶十行十八字当出自棚本无疑，今有一证诸位酌之：（宋史）《艺文志》云（周）贺诗一卷，然未见传本。顾茂伦《唐诗英华》选贺诗七首，有《赠厉玄侍御》一首，此集又不载，未知茂伦从何处录也。此本亦藏茂伦家，末有‘临安府棚北睦亲坊南陈宅书籍铺印’细字一行，确是宋版。余遂借归手钞于松风书屋。今以唐百家内周贺诗核之，即是此本，益知百家诗从棚本出也。”（《善本书室藏书志》卷二五）

众皆曰：“丁先生所见极是。现存唐诗多赖明代刻本以传，而明本多翻刻自陈起书棚本，由此渊源自明。”

王国维：“陈之友人挽起诗云：‘诗刊欲遍唐。’

实亦刊遍唐，是对陈起刻唐诗总结。吾著《两浙古刊本考》卷上尝言：陈起岁时所刊之唐诗‘实不可胜计’，‘论定’今日所传明刊十行十八字唐人专集、总集，大抵皆出陈氏书籍铺本也。然则唐人诗得以流传至今，陈氏刊刻之功为多。”

众咸曰：“观堂先生所论甚是，高见，高见！”

陈起刻出了一个宋代的诗歌流派

对中国古代文学史略有所知的，皆知南宋时有个江湖诗派，这个文学流派的形成，得力于陈起刊刻同时代江湖诗人的作品。所谓江湖诗人，是一批名位不显，流落各地的诗人，他们的诗抒山水闲适之情、羁旅漂泊之感，其中颇多投谒应酬之作，且多数诗人社会地位不高。但陈起与他们有很深的友谊，不仅为他们刊出小集，也出版他们编写的集子（如《唐僧弘秀集》等，即为菏泽李龏编），以拓展自己的业务，也帮朋友出书。陈起本人也是位江湖诗人，在大批的江湖诗人作品中就有他自己的一卷《芸居乙稿》。

因为后来“江湖诗案”的关系，书籍被毁，书板被劈，我们很难整理出一份江湖诗人的名单和“江湖诗集”的目录来，因为江湖诗集被劈板销毁了，后来只留传下不少抄本。如明初《永乐大典》按韵辑有《江湖前集》《后集》《续集》《中兴江湖集》等，清《四库全书》辑有六十四家九十五卷。私家藏书以清杭州吴氏瓶花斋所辑为多，凡六十四家九十五卷，与《四库全书》本同，同时之浙江石门顾修又有所增加，为九十九卷，且郑清之《安晚堂集》十二卷、岳珂之《棠湖诗稿》有“临安府棚北睦亲坊陈解元书籍刊行”“临安府棚北大街陈宅书籍铺刊行”，知为陈起书棚本无疑，但又不在杭州吴氏、

棠湖詩藁

相臺岳珂肅之

宮詞一百首

宮詞自唐以來有之如王建則世託近倖花蘂則身處宮闈故其所述皆耳聞目見後之倣其體者徒想像而言未必近似反流於褻俚者多矣珂幼好其詞嘗擬摭其音律以肆於毫簡竊謂苟匪止乎禮義有以寓諷諫美形容均爲無益而困於公辨有志未逮比因棠湖綸釣之暇適猶千覽

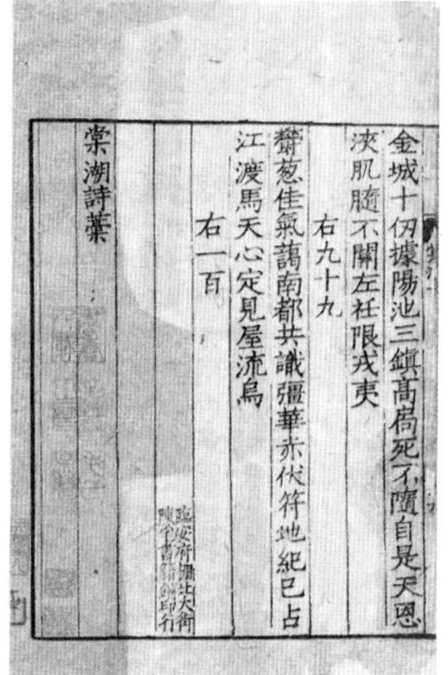

金城十仞據陽池三鎮高脇死不隨自是天恩浹肌髓不關左衽限戎夷

右九十九

犇蔥佳氣藹南都共識彊華赤伏符地紀已占江渡馬天心定見屋流烏

右一百

臨安府棚北大街陳宅書籍鋪印行

棠湖詩藁

南宋临安府陈宅经籍铺刊本《棠湖诗稿》书影

石门顾氏两家之内，对于这个问题连王国维在《两浙古刊本考》中也说不知“究有若干种”，一时很难搞清楚。

关于这些江湖诗人的名号和他们诗集的名字，现据有关资料略举一二，以见大概：

《抱拙小稿》，汴人赵希櫆谊夫；

《石屏续集》四卷，天台戴复古式之；

《静佳乙稿》，建安朱继芳季实；

《方泉先生诗集》三卷，阳谷周文璞晋仙；

《雪窗小集》，大梁张良臣子；

《雪岩吟草》一卷，苕川朱伯仁器之叟；

《学诗初稿》，金华王同祖与之；

《云泉诗集》，塘栖释永颐山老；

《玉楮诗稿》四卷，岳珂；

《南岳诗稿》二卷，刘克庄；

《西山先生诗集》三卷，真德秀。

以上仅为举例性质，只是在近百名江湖诗人中略举数家。从作者籍里看，江湖诗人遍及多省，但寓杭者较多。诗集书牌有著书棚本，亦有不录的，正如《四库全书总目》所云："南渡后诗家姓氏不著者，多赖以传。"事实也确是如此，如果没有陈起刻印了那么一大批江湖诗人的集子，别说他们的诗，就连他们的名字我们也无从知晓，我们说陈起为中国古代文学史上保留了一个诗歌流派，其因就在这里。

陈起和江湖诗人也有很深的友谊，例如他和海盐人许棐友谊颇深，为许刊刻诗集，并赠梅窠冰玉笺，许棐有诗《陈宗之叠寄书籍，小诗为谢》：

江海归来二十春，闭门为学转辛勤。
自怜两鬓空成白，犹喜双眸未肯昏。
君有新刊须寄我，我逢佳处必思君。
城南昨夜闻秋雨，又拜新凉到骨恩。

他与刘克庄同样有着深厚的友谊，刘克庄有《赠陈起》诗云：

陈侯生长繁华地，却似芸香自沐薰。

炼句岂非林处士，鬻书莫是穆参军。
雨檐兀坐忘春去，雪案清谈至夜分。
何日我闲君闭肆，扁舟同泛北山云。

嘉定十七年（1224），朝廷发生了一件大事，这件事改变了陈起的命运。这一年，老皇帝宁宗赵扩逝世了，此前因为太子早逝，就立宗室赵希瞿之子贵和为皇子，赐名竑，朝野普遍认为赵竑是宁宗的继承人、未来的皇帝。当时是宰相史弥远当权，史弥远对赵竑的当政思路不清楚，唯恐他继位后会将自己罢免。

史弥远知道赵竑好鼓琴，遂买善鼓琴的美人送给赵竑，实为侦察赵竑一举一动的“卧底”，命美人凡是赵竑的动息必报。此女知书慧黠，深得赵竑的宠爱和信任。赵竑宫壁挂有地图，一日赵竑指着琼崖（今海南岛，宋时为蛮荒之地）说：“吾他日得志，置史弥远于此。”平日里赵竑又称史弥远为“新恩”，意即接位后将发配史弥远于新州或恩州，新、恩皆是蛮荒之地。这些不利的消息不断通过美人之口传入史之耳中，使他大为惊惧。又有七月七日史弥远向赵竑呈乞巧奇玩以暗中窥视竑之态度，赵竑佯作酒醉将史所进奇玩摔碎于地一事，让史弥远明白了赵竑对自己的恶感，于是与国子学教授郑清之在净慈寺惠日阁密谋以宗室沂王养子赵昀取代赵竑，并许以事成后“弥远之坐即君座也。然言出于弥远之口，入于君之耳。若一语泄者，吾与君皆族矣”！及宁宗崩，赵竑在宫中跂足而待宣召。然此时史弥远已引赵昀入宁宗灵前举哀，礼毕始召赵竑入宁宗灵前行礼，仍命赵竑列旧班，赵竑遥见烛影中有一人已在御座。史弥远导演的这场宫廷政变，使赵昀登基，取代赵竑即位当了皇帝，即宋理宗，赵竑则被进封为济阳郡王。后湖州潘壬、潘丙等不满史弥远所作所为，起兵谋立赵竑为帝，史弥远发兵镇压，并趁机逼赵竑自缢而亡。

按理说，这次史弥远一手导演的宫廷政变本与陈起等江湖诗人无涉，但史弥远为平息反对他的舆论，向两方面的人物开刀：在朝打击不满自己之所为的朝臣魏了翁、洪咨夔、真德秀、胡梦昱等直臣；在野则不惜制造文字狱，寻章摘句捕风捉影、指鹿为马，认定江湖诗人刘克庄《黄巢战场》一诗中的“未必朱三能跋扈，却缘郑五欠经纶”和《落梅》诗中的“东风谬掌花权柄，却忌孤高不主张”，曾极《春》诗中的“九十日春晴景少，一千年事乱时多”，陈起的“秋雨梧桐皇子府，春风杨柳相公桥”等诗借古讽今，以攻击自己专横跋扈和惋惜赵竑缺少谋略，并对赵竑给予同情。对此，周密的《齐东野语》卷十六《诗道否泰》有详细记载。史弥远对此原拟兴大狱，后经与他一起废赵竑立理宗的同谋、与江湖诗人有交谊的郑清之从中斡旋，才算“从宽发落”，将陈起流放，江湖诗集劈板，并将已印行的江湖诗集全部销毁，曾极则贬死他乡，才算解了史弥远的心头之恨。周密《齐东野语》卷十六《诗道否泰》有言：“同时被累者，如敖陶孙、周文璞、赵师秀，及刊诗陈起，皆不得免焉。于是江湖以诗为讳者两年。”这对陈起和他的事业而言是个重大的打击。

剑南诗稿　梅城刊印

陆游在人们心中是位大诗人，不过很多人不知道他也是一位著名的刻书家，他任官各地时多有刻书活动。六十二岁时，朝廷任命他以朝请大夫知严州时，孝宗皇帝在上谕中明确告诉他“严陵山水胜处，职事之暇，可以赋咏自适”，意思是你年纪老了，此番去严州任知州，有空的时候可以写写诗，这简直可称得上是“奉旨作诗”了。但陆游并不只是作诗，他有刻书的爱好，在四川和江西为官时都曾刻书，此次在梅城先是刻印了乡贤文献《江谏议奏议》，然后又主持刻印了他的诗集《剑南诗稿》，此诗集刊印出版后，引起了极大的轰动。

陆游（1125—1210），字务观，号放翁，南宋著名爱国诗人，与尤袤、杨万里、范成大并称为南宋中兴四大诗人。他一生写的诗很多，《剑南诗稿》和后来的续稿一共收有他的诗作九千三百多首，除了乾隆皇帝外，陆游是中国古代创作诗最多的诗人。

山水佳处知严州

淳熙十三年（1186）初，闲居山阴的陆游接到任命，被起用为朝请大夫、知严州。时年六十二岁的陆游，已经是一位老翁了。此前他以朝请郎提举江南西路常平茶盐公事，这是他从西南的四川东归后的第一个职务，但不久即去职家居，在家乡山阴待了几年，屡次上书求职，终于在淳熙十三年初，被任命为朝请大夫、知严州事。陛辞之日，陆游早早地来到位于凤凰山的皇宫听谕。宦官告诉他，这是不世之恩，陆游点点头称是。上谕：陆游年事已高，“严陵山水胜处，职事之暇，可以赋咏自适”。陆游谢了恩，想想也是，自己六十二岁了，皇恩浩荡，可以说是“奉旨游山玩水”了。当然，这和他的初心“尚思为国戍轮台”是相违的。

陆游赴严州之日，走的是水路，从杭州江干坐船出发，一路桨橹欸乃，款款而行。进入富春江上溯桐庐江之际，他自然地吟哦起梁朝吴均的《与朱元思书》：

风烟俱净，天山共色，从流飘荡，任意东西。自富阳至桐庐一百许里，奇山异水，天下独绝。

水皆缥碧，千丈见底。游鱼细石，直视无碍。急湍甚箭，猛浪若奔。

夹峰高山，皆生寒树。负势竞上，互相轩邈；争高直指，千百成峰。泉水激石，泠泠作响；好鸟相鸣，嘤嘤成韵。蝉则千转不穷，猿则百叫无绝。鸢飞戾天者，望峰息心；经纶世务者，窥谷忘反。横柯上蔽，在昼犹昏；疏条交映，有时见日。

陆游一面观赏风景，不禁脱口而出：这里真有点像三峡的味道。他不由想起当年溯长江，历三峡的日子，心下不免有点感慨，又想到山水虽佳，但仍有大半沦于敌手，悲从中来，几乎落下泪来。

一路行来，不日到了梅城。梅城是严州州治所在地，有梅花城之称。陆游刚到任的头几天，天天忙于拜会当地士绅和会聚同僚，没有片刻闲暇。待到略有空闲时，他看着严州这山高水长的美丽景色，想起皇帝陛辞时说过的“严陵山水胜处，职事之暇，可以赋咏自适”，就在箱箧中取出诗稿，提起笔正想吟哦几句，忽报有人来访。陆游命从人请进，来看他的原来是郑师尹，括苍人士，现任迪功郎、监严州在城都税务。两人曾相识于临安，郑师尹钦佩陆游的爱国情怀，事之为师，陆游见其言辞恳切，也认了这个学生，今日能在严州再次相见，两人都分外高兴。

郑师尹道：“老师的诗词文章学生向来钦佩，今有一个不情之请。有眉山苏林，乃是苏长公子瞻先生族人，与我十分熟稔。他今为建德知县，喜爱先生的诗词，四处收集，已有数卷之多。他想为先生编本诗集，按年收录，不知先生能否俯允？”陆游想这个苏林倒是个有心人，竟在搜罗自己的诗文，并加以编纂，也是难得，遂回道：“我亦久有此意，只是有些诗文虽有个稿本，但亦有丢弃的。请将苏林编次的稿本容我一阅，有遗漏的重加收入，有不是者尽可删汰。此事不急，容我再思。只是近时巡视严州，见山间坡地尽多梨枣果木，而梨枣之木为上好的刻书佳木。此次皇命任我知严州，陛下有言：严陵山水胜处，职事之暇，可以赋咏自适。作诗自是本色，但总得做些事情，何不就地取材，为严州文事做些事情，刻点书，以留一故实。郑君以为如何？至于我的诗文，可缓些时日再行刻印。”

郑师尹听毕，拊掌称善，答道：“老师此意甚好。严州近在京畿，民生安定，老师若有空闲，刻些地方文献，以助益乡邦文教，善莫大焉。严州公使库尚且富裕，足供刻书之费，且刻书售卖亦可有收益。犹记乾道间袁枢由太

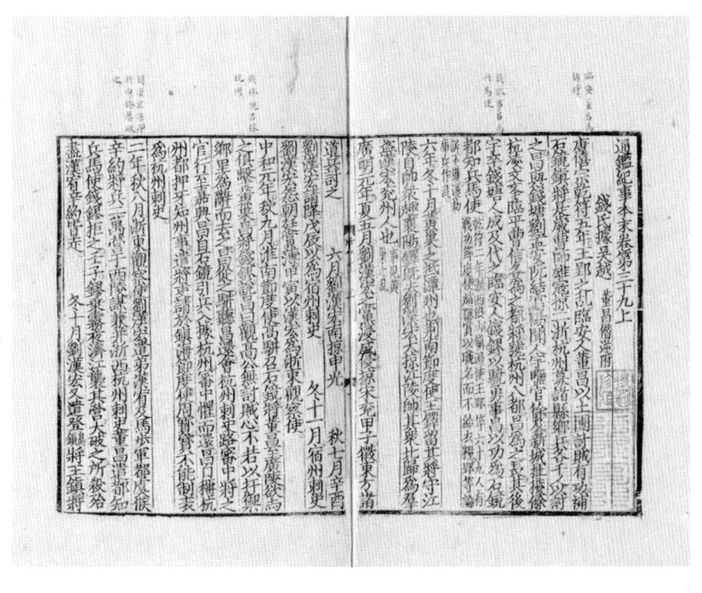
通鑑紀事本末卷第三十九上

錢氏據吳越　董昌僭逆附

唐僖宗乾符五年，王郢之亂，臨安人董昌以土團討賊有功，補石鏡鎮將。是歲，曹師雄寇掠二浙，杭州募諸縣鄉兵各千人以討之。昌與錢塘劉孟安、阮結、富陽聞人宇、鹽官徐及、新城杜稜、餘杭凌文舉、臨平曹信各爲之都將，號杭州八都，昌爲之長。其後宇卒，錢塘人成及代之。臨安人錢鏐以驍勇事昌，以功爲石鏡都知兵馬使。乾符二年，浙西狼山鎮遏使王郢等六十九人有戰功，節度使趙隱賞以職名而不給衣糧，郢等論訴不獲，遂劫庫兵作亂。

六年冬十月，黃巢之趣潭州也，荆南節度使王鐸留其將守江陵，自帥衆趣襄陽。鐸既去，劉漢宏大掠江陵，帥其衆北歸，爲羣盜。漢宏，兗州人也。事見黃巢之亂。

廣明元年夏五月，劉漢宏之黨浸盛，侵掠宋、兗。甲子，徵東方諸道兵討之。　六月，劉漢宏南掠申、光。　秋七月辛酉，劉漢宏請降。戊戌，以爲宿州刺史。　冬十一月，宿州刺史劉漢宏怨朝廷賞薄，甲寅，以漢宏爲浙東觀察使。

中和元年秋九月，淮南節度使高駢召石鏡將董昌至廣陵，欲與之俱擊黃巢。昌將錢鏐說昌曰：觀高公無討賊心，不若以扞禦鄉里爲辭而去。昌從之，駢聽昌還。會杭州刺史路審中將之官，行至嘉興，昌自石鏡引兵入據杭州。審中懼而還。昌自稱杭州都押牙、知州事，遣將吏請於鎮海節度使周寶，寶不能制，表爲杭州刺史。

二年秋八月，浙東觀察使劉漢宏遣弟漢宥及馬步軍都虞候辛約將兵二萬營于西陵，謀兼并浙西。杭州刺史董昌遣都知兵馬使錢鏐拒之。壬子，鏐乘霧夜濟江，襲其營，大破之，所殺殆盡，漢宥、辛約皆走。　冬十月，劉漢宏又遣登高鎮將王鎮將

淳熙二年严陵郡庠刊印《通鉴纪事本末》书影

学录调任严州教授，于淳熙二年（1175）刻其所著《通鉴纪事本末》四十二卷于严陵郡庠。此书面市颇受朝野好评，参政龚国茂良言：此书有补治道，或取以赐东宫皇子阅读，以增益见闻。皇帝下诏摹印十部上之。此事严州乡里均引以为荣。不若效仿之，先刻现时急需的书籍，再刻老师的著作也不迟。”

山水佳处勤梓书

浙江刻书至宋而大盛，除私刻、坊刻外还有官刻，即所谓官府的郡斋本，并且在制度上也有规定，即可刊刻地方文献，对有德政的地方长官亦可刊刻其著作。如绍兴二十一年（1151）王安石的曾孙王珏以朝散大夫、提举两浙西路常平茶盐公事，在任时就曾刻梓王安石的《临川先生文集》一百卷即是一例。又如唐仲友知台州时曾刻《荀子》《扬子法言》《中说》《昌黎先生外集》等书，尤其是《荀子》一书，字大如钱，刻镂甚精，成

为一部名刻，同时，唐仲友也刻了一部他所编著的《后典丽赋》。

但是，当时制度也规定，这些地方政府所刻的书籍，除少量赠送书院以及现任和退休官员外，都要进入市场发售。唐仲友却在这个问题上犯了错误，将余下的书全部打包运回婺州（金华）老家，在自家的书坊里出售了，惹得朱熹老夫子大生其气，认为此举违制，连上五道劾文，生生把他从知州的位置上拉了下来。刻书本来是件雅事，却被唐仲友搞成了一件丑闻。

陆游对刻书亦颇有兴趣，为官地方，得闲暇时也曾刻过几部书。乾道九年（1173）春，陆游代理蜀州通判，后又权摄嘉州，他生平爱读唐代诗人岑参的诗作，便在公事之暇，利用四川良好的刻书条件刊刻了《岑嘉州集》，因岑参在唐代宗时担任过嘉州刺史，这部书很受当地人欢迎。淳熙七年（1180），陆游以朝请郎提举江南西路常平茶盐公事，治所在抚州，陆游在此刻了他收集的《陆氏集验方》，为百姓防病、治病，也颇得人心。

和郑师尹谈话以后，陆游就开始了他到严州后刻的第一部书《江谏议奏议》的整理和刊刻工作。江谏议名公望，字民表，严州人，时家属居桐庐。江公望在北宋徽宗建中靖国元年（1101）由太常博士拜左司谏，他尽职尽责，直言上谏无忌，不仅对朝政，也对宫廷内苑蓄养珍禽异兽专供皇帝及后宫嫔妃赏玩等事上书为谏。时徽宗初登位，公望上书力谏，以为这是玩物丧志，搞得徽宗十分狼狈，不得已而告之：所有珍禽异兽已纵放于野，只一白鹇因养之已久，依依不肯去，以杖逐之始去。初时徽宗对江公望直言相谏还是持欣赏的态度，在杖头记其姓名。时有言官曾布因言论被罢黜，公望闻之入谏：“陛下自登基以来，已三易言官，逐十谏臣，非天下所愿也！夫谏臣善之不可不素，用之不可不审，听之不可不察，去之不可不慎。”时人以为名言。后因上疏弹劾奸相蔡京，被贬南安军，天下人皆敬其赤诚刚正。后遇赦返里，不久病卒于家。著有《江司谏奏稿》和《江司谏文集》。

陆游知严州事，在刻梓江公望奏议时，在《渭南文集》卷二上《跋钓台江公奏议》时曾写下一段话："某乾道庚寅（六年，即公元 1170 年）夏得此书于临安，后十有七年，蒙恩守桐庐，访其家，复得三表及赠告、墓志。因并刻之，以致平生尊仰之意。淳熙十三年十一月十有六日，笠泽陆某书。”此书刻梓后，在严州反响很好，民众都对陆游不遗余力表彰严州先贤表示钦仰。

亲手编诗稿定名“剑南”

刻梓了江公望的《江谏议奏议》后，淳熙十四年（1187）秋冬之间，在建德知县苏林编纂的基础上，陆游又亲加校订整理编辑了《剑南诗稿》。前已简述苏林是眉山苏轼的族人，时任建德知县。苏林出身书香名门，酷爱陆游的诗文，敬重陆游的为人，多年来一直在搜集陆游的诗文，每见必录。他在任建德知县的最后一年，即淳熙十三年（1186），天从人愿，陆游竟受皇命所遣到严州任知州，日夕相见，机会多了，又可时时请教，真是喜从天来。这部诗稿本来陆游可以自己编定，但一者他是知州，毕竟每日有公务要忙；再者苏林为编撰自己的诗稿已耗费了大量的精力，此前并不相识，他就致力于编选自己的诗集，这份情是那样的重，因此陆游就全权委托苏林编集，答应在他编好以后自己再校阅一次。

至于何以名为“剑南诗稿”？这部书的名字，陆游、郑师尹、苏林是有过认真讨论的，最终还是陆游确定下来的，陆游说："你们以为此诗集就叫陆某集、放翁集都有道理，符合约定俗成的体例。但我想我的这一本诗集还是叫作'剑南集'吧！主要是为了纪念我十年前的一段生活，在四川和南郑前线的生活，我到了抗敌的前线，现在想起来还是热血沸腾！""乾道八年（1172）正月，我应四川宣抚使王炎之聘，自夔州赴汉中任干办公事兼检官，这段生活我终生难忘，有机会走上前线阻击敌兵，'从戎驻南郑'，那是《九月一日夜读诗稿有感，走笔作歌》中的句子；'射虎南山秋'，是《三月十七日夜醉中书》所吟，卫戍大散关，实现了我'上马击狂胡，下马草军书'的理想。我在那时写的《金错刀行》：'黄金错刀白玉装，夜穿窗扉出光芒。丈夫五十功未立，提刀独立顾八荒。京华结交尽奇士，意气相期共生死。千年史策耻无名，一片丹心报天子。尔来从军天汉滨，南山晓雪玉嶙峋。呜呼，楚虽三户能亡秦，岂有堂堂中国空无人！'想到这段日子，我至今热血沸腾。为了纪念我在剑南的生活，就定诗集的名字为《剑南诗稿》吧！这是我一生中最值得纪念的日子！"

苏林和郑师尹见陆游如此激动，连忙说："就定名为《剑南诗稿》，就定名为《剑南诗稿》！"

陆游稳定了一下情绪，笑了笑，但笑中有泪，缓缓说道："我有点失态了。不过，从地域上看，先唐太宗时，划天下为十道，其中之一为剑南道，我就借用这个名字啦！"

诗集的名字定下之后，其他一切都好办了。苏林是个有心人，该收集到的陆游诗作他都收集到了，又根据陆游箧中所藏的一份稿本校核，互有增删，最后抄了一份清稿，送给陆游过目。陆游又细细地进行了一次修订，就付梓刊印了。这本《剑南诗稿》为二十卷，虽题为苏

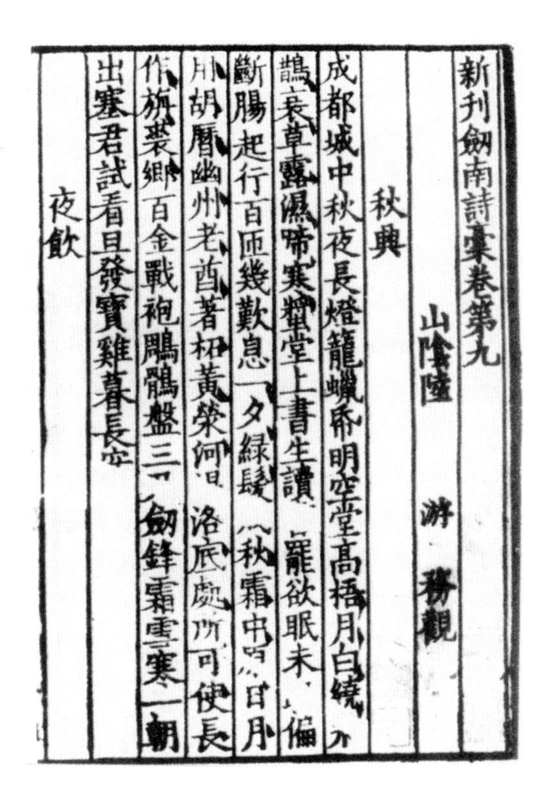
新刊劍南詩稾卷第九
山陰陸　游　務觀
秋興
成都城中秋夜長燈籠蛾舞明空堂高梧月白繞飛
鵲衰草露濕啼寒螿堂上書生讀書罷欲眠未眠偏
斷腸起行百匝幾歎息一夕綠髮成秋霜中原日月
用胡曆幽州老酋著柘黃榮河溫洛底處所可使長
作旃裘鄉百金戰袍鵰鶻盤三尺劍鋒霜雪寒一朝
出塞君試看旦發寶雞暮長安
夜飲

南宋严州刻《新刊剑南诗稿》书影

林编次，实际是陆游亲自定稿，也是其生前自编的、最早的一部诗集。如今只存下十卷，是个残本（含卷一、卷二、卷三、卷四、卷八、卷九、卷十、卷十四、卷十五、卷十六），陆游的学生郑师尹为此书作了序，云：“太守山阴陆先生剑南之作传天下，眉山苏君林收拾尤富，适官属邑，欲锓本为此邦盛事，乃以纂次属师尹。”序后署：“淳熙十有四年腊月几望，门人迪功郎监严州在城都税务括苍郑师尹谨书。”据陈振孙《直斋书录解题》卷二十云：“止淳熙丁未。”即收诗截至淳熙十四年丁未。这部二十卷本的《剑南诗稿》十卷残本今藏国家图书馆，有再造古籍善本传世。

陆游是南宋的中兴四大诗人之一，平时声名卓著，尤其是他入蜀以后，亲临抗金前线所写的爱国诗篇更是广为人们所传抄，所以，他的《剑南诗稿》二十卷已经刊印的消息传出后，一时间引起了社会和文学界的轰动，大家都想一睹为快。陆游的朋友张镃在《南湖集》卷四《觅放翁剑南诗集》中就说：

见说诗并赋，严陵已尽刊。
未能亲去觅，犹喜借来看。
纸上春云涌，灯前夜雨阑。
莫先朝路送，政好遗闲官。

张镃希望一睹为快的心情是那样地迫切，急切地要求作者能送他一本，“莫先朝路送，政好遗闲官”是这种心情的真切反映。

杨万里《朝天集·跋剑南诗稿二首》（录其一）诗云：

今代诗人后陆云，天将诗本借诗人。
重寻子美行程旧，尽拾灵均怨句新。
鬼啸猿啼巴峡雨，花红玉白剑南春。
锦囊翻罢清风起，吹仄西窗月半轮。

杨万里听闻《剑南诗稿》刊行，想到杜甫蜀中行与屈原的诗句，以此比喻陆游新诗，足见其深情厚谊。

楼钥《攻媿集》卷九《题陆放翁诗卷》云：

妙画初惊渴骥奔，新诗熟读叹微言。
四明知我岂相属，一水思君谁与论？
茶灶笔床怀甫里，青鞋布袜想云门。
何当一棹访深雪，夜语同倾老瓦盆。

楼钥读诗时想起了二人的深厚情谊，感情极为真挚。

戴复古《石屏诗集》卷六《读放翁先生剑南诗草》云：

茶山衣钵放翁诗，南渡百年无此奇。
入妙文章本平淡，等闲言语变瑰琦。
三春花柳天裁剪，历代兴衰世转移。
李杜陈黄题不尽，先生模写一无遗。

戴复古是带着敬仰的心情读这部诗稿的，结句对陆游的诗以极高的评价。

姜特立收到陆游的赠书后写的《陆严州惠剑南集》云：

不蹑江西篱下迹，远追李杜与翱翔。
流传何止三千首，开阖无疑万丈光。
句到桐江剩深隐，气含玉垒旧飘扬。
未须料理林间计，蚤晚明堂要雅章。

姜特立在首联就对陆游的诗风作出高度的评价，陆游诗出自江西诗派，但不蹑旧迹，自成一家，能与李、杜比肩翱翔，这评价可谓够高的了，但又恰如其分。

韩淲《涧泉集》卷六《陆丈剑南诗斯远约各赋一首》，诗云：

镜湖湖上凉风起，枫叶芦花照窗几。
笔床茶灶连酒壶，炯然目光动秋水。
平生北固与西江，赢得訾蜉事訾毁。
青城山嘴散关头，岂是甘心放豪侈。
归来玉阶仅方寸，两路又出将使指。
几回诏节去徘徊，愠色何曾为三已。
桐庐潇洒非小垒，更向南宫擅词美。

轩渠肯受尘鞅羁，汉庭公卿未知己。
我闲访友于溪居，三叹共读公之书。
清诗句句律有余，爱而不见今何如！

以上这些诗人，都是与陆游同时代数得上名的一流诗人。陆游《剑南诗稿》的刊印能得到如此强烈的社会反响，这在今日亦是少见的。他们不是无原则的吹捧，而是从不同角度对陆游和陆诗作出了恰如其分的评价，读来令人信服。

陆游知严州，孝宗有谕：严陵山水胜处，职事之暇，可以赋咏自适。陆游当然会奉旨赋诗，但更多地是在刻书，无意中造就了一位刻书家。

拾遗补缺　孔赓后续

淳熙十五年（1188）是陆游在严州知州任上的最后一年，前两年他先为江公望刻了《江谏议奏议》，继又主持刊刻了自己的《剑南诗稿》二十卷。一日偶与苏林、郑师尹闲聊，说起严州郡斋尚有哪些板片还在？苏林说严州旧有书板不少，保存得尚好，例如府学教授袁枢于乾道九年由太学录调任严州教授时刻有自著的《通鉴纪事本末》于郡斋，板片保存完好，但是经一次火灾后，烧毁了不少。陆游听了颇觉可惜，默然良久，然后言道："我今来守严陵，亲自动手刻了《江谏议奏议》，可以面对先贤了。你们又帮我刻了《剑南诗稿》，内心十分感激。两次刻书，梨枣板片尚余不少，可利用余板刻些严州业已被火焚毁的书板，加以保存，以留一代文献，二位以为如何？"

苏、郑二人拊掌称善。陆游于是派库吏将旧存书板清理了一下，发现《南史》八十卷（唐李延寿撰）、《大字刘宾客集》三十卷（唐刘禹锡撰）、《世说新语》十卷皆为绍兴初年严州刻本，今已板焚无存，陆游将之重刻，分别是淳熙十四年与十五年的事，刻好后陆游专门写了一篇跋文加以说明：

> 郡中旧有《南史》《刘宾客集》，版皆毁于火。《世说》亦不复在。游到官始重刻之，以存故事。《世说》最后成，因并识于卷。淳熙戊申重五日新定郡守笠泽陆游书。

陆游为新定（严州旧称）的文化建设做了一件好事。他入蜀时在嘉州刻岑参的《岑嘉州集》，在江西刻《陆氏集验方》，在严州刻江公望的《江谏议奏议》《剑南诗稿》及补刻已毁的文献书，使他多了一个刻书家的名头。政绩不是叫出来的，而是做出来的。

有意思的是，南宋宝庆二年（1226），时隔四十年后，陆游的幼子陆子遹也来到了严州任知州，他也刻书，为严州的文化事业作出了贡献。

陆子遹（1178—1250），一作子聿，陆游第七子，最得陆游钟爱，诗中屡屡提及，曾教他学诗秘诀“汝果欲学诗，功夫在诗外”。不过子遹未闻作过什么好诗，倒是继承了陆游藏书、刻书的事业。子遹是在宋理宗宝庆二年十一月赴任严州知州的，到任后刻了不少的书，与陆游直接有关的有两部，一部《剑南诗稿》六十七卷，一部是《老学庵笔记》十卷。《剑南诗稿》六十七卷本是陆游自刻的二十卷本的续集，这样就留下了一部比较完整的陆游诗集。《老学庵笔记》十卷本，是陆游所撰的一本有名的笔记集，原为陆游遗稿，旧本卷末有陆子遹跋文数行：“《老学庵笔记》，先太史淳熙、绍熙间所著也。绍定戊子刻之桐江郡庠。幼子奉议郎、权知严州军事、兼管内劝农事、借紫子遹谨书。”据此我们知道此书在南宋时有第一个刊本，也是唯一一个刊本。他还刻了陆游曾著过的一部《高宗圣政草》，此书影响不著，姑且不论。

陆子遹自宝庆二年十一月到严州任知州，绍定二年（1229）三月奉召赴临安，在严州知州任上，除公务外，因先祖陆轸与父陆游皆任守严州职，故按例将先祖陆轸与父陆游之名列于州学世美祠，同时在桐庐建钓台书院，为父亲刻了《剑南诗稿》《老学庵笔记》外，还利用严州优越的刻书条件，刻梓了许多书籍。主要有：一为曾祖陆佃的著作，主要有《二典义》、《尔雅新义》（陆佃撰）、《鹖冠子》（陆佃解）、《鬻子》（陆佃校）、《陶山集》（陆佃撰）；二为唐宋人诗文集，主要有唐令狐楚编的《唐御览诗》、五代王定保撰的《开元天宝遗事》、宋石介撰的《徂徕集》、宋杨亿撰的《西昆酬唱集》、宋魏野编的《巨鹿东观集》、宋潘阆撰的《潘逍遥集》、宋杨朴撰的《东里杨聘君集》等等。还有《皇甫持正集》《春秋后传》《春秋后传补遗》等三部书，究竟是陆游还是陆子遹所刊，学术界还存在不同看法，兹不赘述。

南宋严州刻书甚多，是严州的一大文化特色，陆游父子的刻书活动丰富了严州的刻书文化，同时也造就了陆游父子这两代刻书家。

精美绝伦　韩柳诗集

宋人叶梦得有言："今天下印书，以杭州为上。"这句话是他在著作《石林燕语》中说的。杭州刻书有此盛誉，主要是北宋的监本书和南宋的书坊刻书，但也不乏如南宋廖莹中这样的私家刻书。廖莹中所刻《韩昌黎集》和《柳河东集》，为杭州刻书的不世之誉增光添彩。尤其是这两部书的分分合合，直至今日长驻国家图书馆，成为该馆的镇库之宝之一。这两部书的聚合也带有传奇性，真像古人说的：神物自有天意呵护。

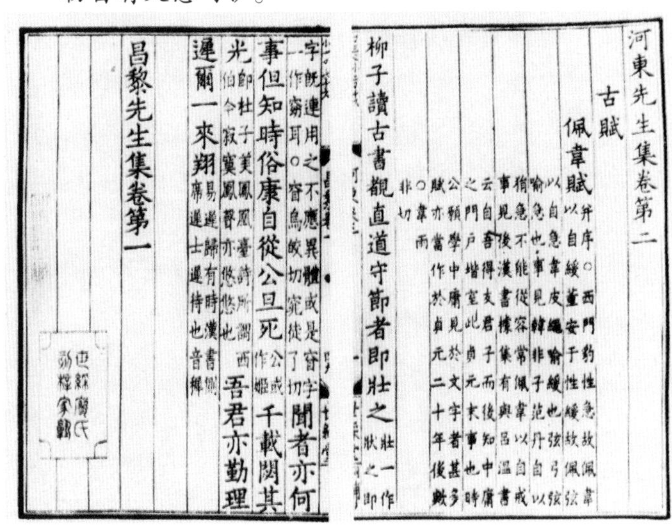
河東先生集卷第二
古賦
佩韋賦 并序○西門豹性急故佩韋以自緩○董安于性緩故佩弦
以自急韋皮縷喻緩也弦弓弦喻急也事見韓非子范丹自以
猶急不能從容常佩韋以自戒事見後漢書據集有與呂溫書
云自吾得友君子而後知中庸之門戶階室此貞元末事也時
公頗學中庸見於文字者甚多賦亦當作於貞元二十年後歟
○韋雨非切
柳子讀古書覩直道守節者即壯之 壯一作狀之即

字既連用之不應異體或是窨字一作窮耳○窨烏皎切究徒了切 闇者亦何
事但知時俗康自從公旦死 公戚作姬 千載闕其
光 節杜子美鳳凰臺詩所謂西伯今寂寞鳳聲亦悠悠也 吾君亦勤理
邅爾一來翔 易邅歸有時漢書俶席邅士邅待也音擗
昌黎先生集卷第一

南宋廖莹中刊刻《河东先生集》《昌黎先生集》书影

历数杭州的私家刻书，聚散无常，最终双剑合璧并永驻国家图书馆的南宋廖莹中所刊唐人韩愈《昌黎先生集》与柳宗元《河东先生集》算是最有故事的两本书。两书为南宋理宗时福建人廖莹中在杭州葛岭香月邻别墅廖氏世彩堂家塾所刻梓，历来藏书家均视为奇宝，现为国家图书馆镇库之宝之一，也是中国刻书史上的一对瑰宝。我曾有幸于2000年在国图亲手捧读，摩挲一番，视为平生之幸事。

家本葛岭世彩堂

廖莹中（？—1275），字群玉，号药洲，宋邵武军（今福建邵武）人，登进士第后，为权相贾似道门客。开庆元年（1259），贾似道在湖北私自向忽必烈求和，称臣纳币，廖莹中撰《福华编》以颂其“功德”。度宗时，贾似道专权，居西湖葛岭，大小政事皆决于廖莹中。德祐元年（1275），似道放逐，莹中服药而亡，至死追随贾似道。廖莹中其人在政治上无可取，但香月邻别墅藏书刻书极富。清陈文述《西泠怀古集》卷五《香月邻咏廖莹中》称其“精翰墨，刻世彩堂帖及陈简斋、姜尧章、任希逸、卢柳南四家遗墨十三卷，临《淳化阁帖》《玉枕兰亭》，为似道刊《全唐诗话》《悦生堂随抄》一百卷”。陈文述有诗咏莹中曰：“福华纪里奇勋少，世彩堂中善本多。”即是咏莹中藏书刻书事。

贾似道未败时，自以为武事有功于国，要在文治上也做出一番事业。对此，廖莹中心领神会，心中暗思贾似道处所藏碑帖与各类藏书颇多，就不惜工本为其刊书刻书。如《全唐诗话》（以计有功《唐诗纪事》改窜而成）、《奇奇集》（荟萃古人用兵以寡胜众的战事，如赤壁之战、淝水之战的战例，以夸贾似道援鄂之功）等书都出于廖莹中之手而假贾似道之名刊之。廖莹中刊书不惜工本，有部《九经》以数十种本子比较，百余人校正而后成，据周密《癸辛杂识》说书成后以“抚州萆抄纸、油烟墨印造，其装褫至泥金为签”，可说是豪华本中的奢华本，但论者以为“惜其删落诸经注为可惜耳，反不若《韩》《柳》文为精妙”。廖氏刻书是私家刻书，刻书是为了收藏和赠送亲朋好友，因其财力丰厚，故刻书精益求精。

联翩栖身处士项

从现存韩、柳文集看，最早的收藏印是天籁阁和万卷堂，这是明代浙江的两位藏书名家。天籁阁和万卷堂的主人是明代嘉靖、万历间的槜李（今嘉兴）项氏兄弟。

项元汴（1525—1590），字子京，号墨林子。少英敏，博雅好古，工画，兼擅书法，醉心于图籍和书画收藏。家本富，又兼善治生产，为他提供了收藏名画和宋版书的有利条件。其时宋版书已极珍贵，当时名闻天下的收藏家太仓王世贞有尔雅楼专藏宋版，但与项元汴相比，有人尚以为王世贞不及墨林远甚，据钱曾《读书敏求记》卷四称：“墨林项氏，每遇宋板即邀文氏二承鉴别之，故藏书皆精妙绝伦。”“文氏二承”即文彭（字寿承）、文嘉（字休承），二人同为吴中藏书名家、书画家文徵明之子。“二承”出身藏书世家，家中藏书极富，又精于古籍鉴定，其中文嘉尤精鉴别宋本。项元汴所藏宋版，经“二承”鉴定，“无怪人称精妙绝伦”，韩、柳集即在其中，是精品中的精品。

项笃寿（1521—1586）是元汴的兄长，字子长，有藏书处称万卷堂，兄弟二人的藏书时有交换。廖莹中刻的韩、柳集，有天籁阁、万卷堂两藏书印，可证兄弟二人皆收藏过。

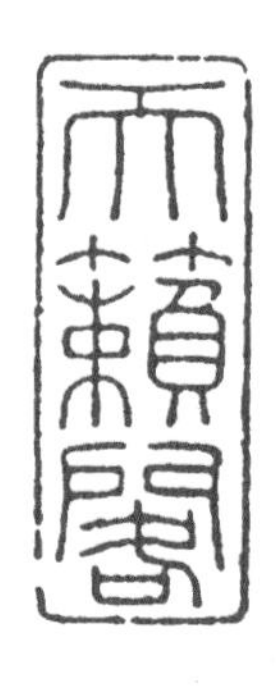

天籁阁

项墨林鉴赏章

项笃寿印

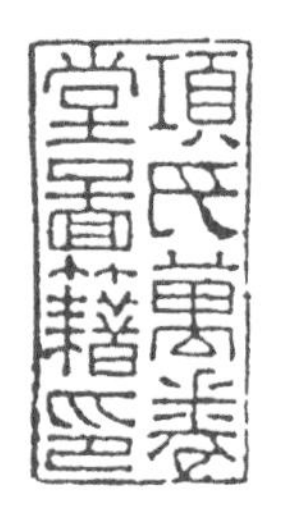

项氏万卷堂图籍印

项笃寿、项元汴藏书印

清顺治二年（1645），清兵入嘉兴，项家兄弟的藏书尽为汪六水掠去，人皆以为项氏藏书皆毁于此时，消息传出，人皆深感痛惜。朱彝尊《曝书亭集》卷九有《怀乡口号八首》，其五云：

> 墨林遗宅道南存，词客留题尚在门。
> 天籁图书今已尽，紫茄白苋种诸孙。

朱氏原注"项处士元汴有天籁阁，蓄古书画甲天下。其阁下有皇甫子循、屠纬真诸公题诗尚存。"真是沧海桑田，世事变迁，人去楼空，书尽毁损，令人伤痛。

遭逢离乱走南北

不过且慢，待到清乾隆帝时的《天禄琳琅书目》传出，人们在这个书目中发现了多本原为项氏所藏而被汪六水所掠的珍贵书籍，证明项家之书并未全部毁去，而是有部分珍藏在清宫之中。今撮录几种于敏中《天禄琳琅书目》所载项氏兄弟所藏书于下：

《东莱家塾读诗记》，此书为项元汴原藏，有藏书章“子京”（朱文）、“项墨林鉴赏章”（白文）。乾隆帝御题：“向为槜李项氏家藏。”

《春秋经传集解》，此书为项笃寿旧藏，有长方藏书章“项氏万卷堂图籍印”（八分书，朱文）。

《唐宋名贤历代确论》，项笃寿旧藏，有“项笃寿印”（朱文）、“万卷堂藏书记”（朱文）、“项元汴氏”（朱文）、“墨林山人”（白文）。

还有数种不具录。

嘉庆二年（1797），乾清宫交泰殿失火，殃及昭仁殿的天禄琳琅藏书处，善本专藏尽付一炬。大火过后，太上皇乾隆帝诏令重修昭仁殿，又入藏从清宫各处调来的图书660部，彭元瑞等奉诏撰《天禄琳琅书目后编》。项氏旧藏中入《天禄琳琅书目后编》的宋本较《天禄琳琅书目》中的为多，主要有宋本《大戴礼记》《广韵》《前后汉纪》《资治通鉴》《汉隽》《自警编》《事类赋》《楚辞补注》，元本《东坡先生奏议》《元包经传》，明本《昌黎先生集》《河东先生集》，等等。

失火后的天禄琳琅藏书是从清宫中调来的，这只能有一个解释，就是清宫中有专用书库贮书，以供不时之需可随时调拨，由此揣度清宫所贮项元汴藏书当不在少数。但宋廖莹中所刊韩、柳两集却不在其中，这两部书于明末清兵入嘉兴时确实流失在外。至于明本《昌黎先生集》《河东先生集》是否著录有误？不是的，因为《天禄琳琅书目后编》中明确写着：

> 此本为明万历徐明泰东雅堂刻本。明泰据宋廖莹中世彩堂元本刻梓。仿刻时以莹中为贾似道党人，

削去每叶“世彩堂”字样，改题“东雅堂”，世称“东雅堂韩文本”。

原来如此。这是因为廖莹中名声不好，但书刻得好，就删去“世彩堂”改题“东雅堂”。这种做法是明人刻书的一个习惯，例如明代有些坊刻本，为了刻印唐诗售卖，就将南宋陈起书棚本的字样抹去，改成了自己的盗版本。有的坊主粗心没有抹干净，有个别的留下书棚本的字样，加上陈起刻梓唐诗版式的特点是十行十八字，恰好给我们考证留下了证据。

从清初汪六水掠去槜李项氏的藏书以后，廖莹中刻梓的韩、柳两集走上了漫漫的流浪路，幸得神物有天呵护，在流转的过程中一直安然无恙。他们曾一度分离，《昌黎先生集》先入江苏藏书家汪士钟的艺芸精舍，后转入上海宜稼堂郁万枝（松年）处，再由郁家流入广东丰顺丁日昌的持静斋，后由丁家流入山东聊城杨氏海源阁，民国间归湖南祁阳藏书家陈清华（字澄中，1894—1978）之手，几乎在半个中国转了一圈。而《河东先生集》先为维萧草堂沈氏所藏，清末民国初流入江苏潘氏宝礼堂，最后由潘氏转让给湖南祁阳陈清华。这样，这两部南宋杭州刻梓的、有“双璧”之称的韩、柳集，从嘉兴项元汴家分离后历经约三百年的颠沛流离，最终在湖南祁阳陈清华家合璧完聚，真是神物有灵，处处得到呵护。

如今国图永安身

故事还没有讲完。陈清华于中华人民共和国成立前移居香港。20 世纪 50 年代中期，有消息传出：陈氏有出让藏书之意，时任文化部副部长的郑振铎先生获知这个消息后，立刻将此事报告周恩来总理。周总理亲批 80 万元巨款收购陈氏所藏精华藏本 22 部，其中就有书中“双璧”之称的韩、柳两集。终于，两集又双双回归首都北京，永驻北京图书馆（今国家图书馆）。

杭州宋刻韩、柳集，为宋本中的精品。《河东先生集》框高 20 厘米，阔 12.7 厘米，每叶九行，引十七字，版式舒朗大气，左下鱼尾处有“世彩堂”字样，各卷后镌“世彩堂廖氏刻梓家塾”八字，用纸用墨皆为上品，所谓纸润墨香、写刻精良，有“世无二帙”“无上神品”之誉。同时刊刻的《昌黎先生集》写刻、用纸、用墨皆同，捧读此书，真令人爱不释手。这两部世间孤本证实了宋代“今天下刻书，以杭州为上”的盛誉，此言真不虚也！

印数之最 农桑辑要

一副雕版印刷的板子，能印多少部书？这可能是个很多人都感兴趣的问题。据许多专家考证，一副雕版印书少者印六十至一百部，多者印三百部。尽管书板用上好的硬木梨枣木雕刻，但因木质会吸水，字迹的笔划会发涨，再多印，字迹就会漶漫不清，所以人们尤重初印本。保存下来的板子并不丢掉，而是待其干燥后，可修板再印，当然质量会差一些。从前有经验的人一看书的字体，就能判断出这是初印本，还是修板本，就是这个道理。

元代江浙行省奉朝廷的命令多次印制农业科技书《农桑辑要》，据记载，前后大约印了 10000 本，不知刻板和修板了多少次才能印成。这是一部什么书？为什么印数如此之多？令人想不到的是，印了那么多，现在存世也只一本孤本。

古籍向有孤本、善本、珍本之称。就印本而言，这与它的印数有关。我们知道，宋代刻书业发达，已经形成一个产业，印刷的书就多了，但这个多只是品种多，并不是每种书的印数多，现在出版史研究者一般认为，一种古籍的印数在三十至一百部之间，这是由多种因素造成的：一是书印得多了卖不掉怎么办？一旦积压太多，经营者就不能再生产，就有关门破产的危险。二是条件的限制，一本木版书经多次刷印，木板经水而发涨，字体就会变形，呈模糊（漶漫）状态无法再印。三是和读者需求量有关，一本古书印刷由于成本等原因，普通读书人买不起，故印数不多。再加上水火灾害和战争兵燹，所以一本书要保存下来很难，所以，这些孤本、善本、珍本价值特别高。北宋印的书现在保存下来的很少，除了时间的因素外，还因为战乱的关系，当年李清照经历“靖康之乱”，在南奔的路上初时有装十五大车的书，最终一路逃一路丢，连珍贵的监本书也难逃此厄。就唐诗而论，只有李、杜、韩、柳等少量唐人写本她还随身带着，但后来也被人偷去了。这真是书籍之厄啊！

再举个例子，清代康雍时期陈梦雷主持编纂的《古今图书集成》一万卷，雍正四年（1726）用铜活字排版

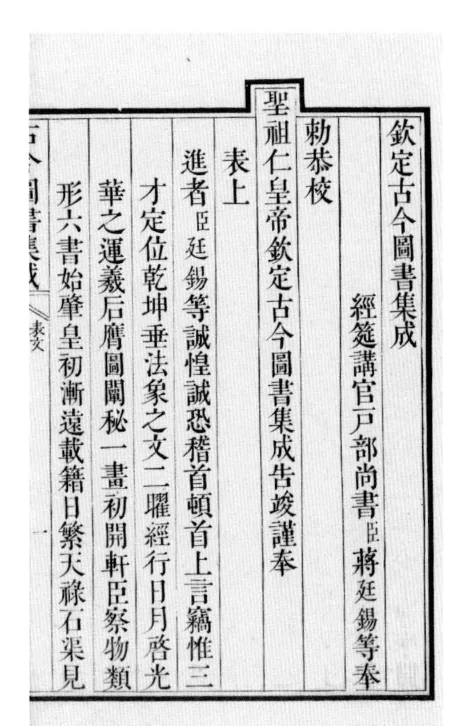
欽定古今圖書集成　經筵講官戶部尚書臣蔣廷錫等奉
勅恭校
聖祖仁皇帝欽定古今圖書集成告竣謹奉
表上
進者臣廷錫等誠惶誠恐稽首頓首上言竊惟三
才定位乾坤垂法象之文二曜經行日月啓光
華之運羲后膺圖闡秘一畫初開軒臣察物類
形六書始肇皇初漸遠載籍日繁天祿石渠見
古今圖書集成　表文　一

清雍正时期内府铜活字刊本《古今图书集成》书影

印刷，也只印了60部，据说光绪年间又印了100部，是慈禧太后用来赠送给外国公使和赏赐有功之臣、王公贵戚的，市面上很少能见到。据杭州书林老人王松泉回忆，民国时期，杭州藏书家九峰旧屋主人王体仁（绶珊）曾有收藏，以银圆八千购进此书，后因生活困顿，以废纸价出售给旧书店，店主不识货也论斤卖给顾客，顾客买去干什么？原来印书纸张特好，就买去卷纸烟了。

但也有特例。元代时，江浙等处行中书省曾奉皇帝圣旨，刊印了一部农业科技书《农桑辑要》，多次刊板、修板，重刻重印，先后印了一万部以上，我怀疑这可能是古籍印数之最。有意思的是，这部书的元代杭州刻本最终保留下来一本孤本，且为清杭州塘栖藏书家朱学勤所得，《农桑辑要》和杭州真的是太有缘了。现在，这本孤本藏在上海图书馆善本部里，我曾有机会亲眼得见。

皇帝口谕"这农桑册子字样不好，教真谨大学书写开板"

元朝政府设有一个专管农业的事务机构，叫大司农司。元明以来，从中央到地方政府，每年春天都要派官员下乡"劝农"，就是鼓励农业生产。这在古典文学中也有反映，汤显祖的《牡丹亭》楔子里就写到杜丽娘的父亲下乡"劝农"的情节，老人家不在家，因而有了后面春香闹学、游园惊梦的故事。农桑不仅在江南，就是在许多北方的省份也是农业生产的一个重要部类。为了指导农桑发展，大司农司就编了一本小册子发给官员，指导农耕、栽桑、养蚕，取名《农桑辑要》。《农桑辑要》由大司农司编纂印行，内容有耕垦、播种、栽桑、养蚕等等。在"劝农"的过程中除了官员需要外，也可能少量分发给里甲让农户学习，所以此书需求量大，也就印得很多。这已成为一种惯例，从元世祖忽必烈的至元年间就开始了。《农桑辑要》一开始是在大都（今北京）的兴文署

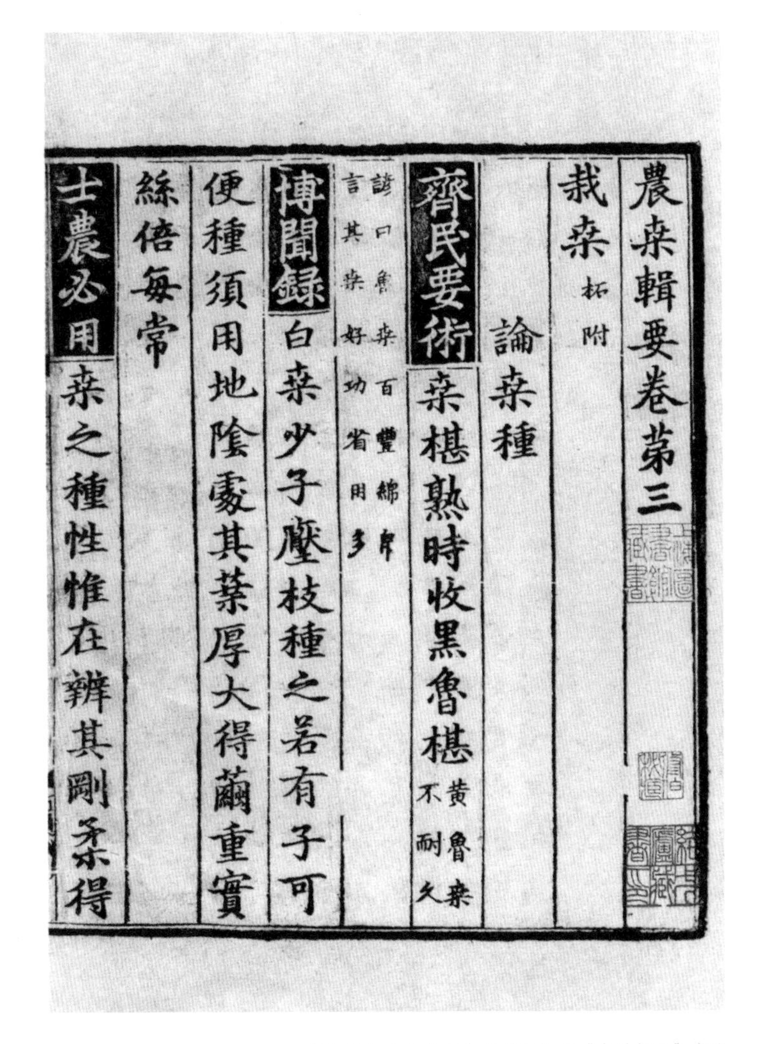
農桑輯要卷第三
栽桑 柘附
論桑種
齊民要術 桑椹熟時收黑魯椹 黃魯桑不耐久
諺曰魯桑百豐綿帛 言其桑好功省用多
博聞錄 白桑少子壓枝種之若有子可
便種須用地陰處其葉厚大得繭重實
絲倍每常
士農必用 桑之種性惟在辨其剛柔得

江浙等处行中书省在杭州印造的《农桑辑要》书影

刻印的。

延祐元年（1314），元仁宗不知怎的看到了这部兴文署刊印的《农桑辑要》，就发出了一个指示说：“这农桑册子字样不好，教真谨大字书写开板。”就这样，有关部门经过认真研究，就将这重印大字版的任务落实到江浙等处行中书省，这件事在《元史》卷二十六《仁宗本纪》中也有记载：延祐二年“诏江浙行省印《农桑辑要》万部，颁降有司遵守劝课（农）”。

据有关文献记载，此书在延祐元年时就印了一千五百部的大字本。据实物可知，此书框高25厘米，阔21.2厘米，九行十五字，行格舒朗，字为赵孟𫖯体，有元仁宗“皇帝圣旨里”一道。根据实际情况揣测，这一千五百部《农桑辑要》当要刻多块板子印出。此后又多次开板重印，情况是：

延祐三年（1316）第二次，在杭州又印一千五百部“颁赐朝臣与诸牧首令”。“杭州路申：印造装褙、打角足备，差宣布伯押赴中书省交割去讫。”

至治二年（1322）第三次，在杭州又就原板刷印了一千五百部。蔡文渊《农桑辑要·序》称：“越至治改元之明年，丞相暨大司农臣协谋奏旨，复印千五百帙。凡昔之未沾赐者，制悉与之，且敕翰林臣文渊序诸卷首。”

天历二年（1329）第四次，又在杭州就原板刷印三千部。《咨文》称：“天历二年，江浙行省又行印造到《农桑辑要》三千部、《栽桑图》三百部。”可见天历二年劝农时颁发的，除了《农桑辑要》外，还增加了《栽桑图》。

至顺三年（1332）第五次，在杭州又就原板再印一千五百部。

这样前后相加，在杭州印的大字本《农桑辑要》就有一万本之数，上述五次加印的数字加起来是九千部（不含《栽桑图》三百部），这中间还有至元五年（1339）的修定本一千部，正好是一万部。元本《农桑辑要》印了九千部，抑或是一万部也好，毫无疑问这是中国古籍印数之最，而这个记录是由元代杭州创造的，未闻被打破过！这中间肯定多次修板和重新雕板，但未见记载，无从得知。

杭刻杭藏　书史佳话

我知道上海图书馆藏有这部元代杭州刻本《农桑辑要》是在 20 世纪 80 年代末，那时我完成了《浙江藏书家藏书楼》的撰著，有次在业师胡道静先生的“海隅文库”里向他问学，向他请教关于浙江印刷史的问题。先生说：“巧得很，前阵子上图送来一本元代杭州刻的《农桑辑要》，是部农书，与我研究范围有所涉及，他们请我鉴定，我写了篇文章《秘籍之精英，农史之新证——述上海图书馆藏元刊大字本〈农桑辑要〉》，即将此文赠你，回去了仔细看看，或有所得。”后来，我对此书的收藏流转也作了些探索。

此书原为杭州塘栖人朱学勤结一庐旧藏。朱学勤（1823—1875），字修伯，清咸丰三年（1853）进士，选翰林院庶吉士，后官户部主事，入直军机章京。清咸丰年间，仁和朱学勤、丰顺丁禹生、长沙袁漱六皆以士大夫藏书名世，有称当时。

清咸丰十年（1860）英法联军入侵北京，王公大臣纷纷出走避乱，北京怡亲王府旧藏散出。朱学勤时在京

朱学勤结一庐藏书印

供职，据叶昌炽《藏书纪事诗》卷六记载："咸丰庚申，英人焚淀园，京师戒严，持朱笏一提，至厂肆即可载书兼两，仁和朱修伯先生得之最多。"朱学勤就在那时购得一部怡亲王府旧藏的元本《农桑辑要》。

朱学勤死后，结一庐藏书由其子朱澂继承。朱澂（？—1890）亦爱书，一如其父。所藏之书亦有增益，据说缪荃孙曾见其藏有宋十行本《晋书》、元刻《农桑辑要》等，以为皆"世所罕见者"。朱澂殁后，其藏书八十柜转让于内兄（或为内弟）张佩纶（幼樵），张氏后人居上海，结一庐藏书亦随之流向沪上，最终这些藏书由朱学勤的外曾孙张子美保存（间有流失，其情不详）。1980 年 2 月，张子美将全部藏书捐赠给上海图书馆，馆方发给他奖金二十万元人民币。就这样，朱学勤的藏书比较完整地在上海图书馆保存。

最后补充一个花絮，张佩纶之孙女，即是著名作家张爱玲。

元印三史　快马杭印

元代建立者是在马背上得的天下，在人们的印象中，他们恨不得将江南的水乡改造成大草原，供他们纵马驰骋。实际情况却不尽如此。元代时，杭州仍然是刻书的重地。前人论版本往往宋元旧版并称，这是因为元代去宋未远，杭州刻书仍保留了宋代精益求精的工匠精神。大都的兴文署刻书，往往并不称旨，所以元代的一些重要典籍，还得奉皇帝圣旨下杭州路刊印。如元修宋、辽、金三史竣后，快马驰驿交杭州刊印就是一个例子。

在有些人的印象中，元朝统治者是不重视文化的，所到之处，不是拆城墙，就是跑马圈地，恨不得将美好的江南也变成漠北草原。可事实上，这个看法并不正确。元朝统治者进入杭州以后，接受一些文士的建议，对杭州丰富的宫廷、秘书省国家藏书和版刻等全部打包，车载船运搬到元大都（今北京）收藏起来。

杭州典籍出板片送大都

公元 1276 年，也就是宋恭帝赵㬎德祐二年，元世祖忽必烈至元十三年，宋恭帝奉太皇太后之命，削去帝号，遣监察御史杨应奎送上国玺，正式降元，宣告了大宋皇朝的正式灭亡，但是杭州并没有在这巨变中遭到大规模的破坏。

元军入临安（今杭州），有几个动作值得注意：一是元世祖命焦友直括宋秘书省禁书图籍。至元十三年三月丁卯，伯颜入临安，遣郎中孟祺将南宋秘书省、国子监、国史院、学士院所有图书搜罗一空，由海路送往大都（今北京）。二是接受了许衡的建议，派遣使臣前往杭州取在官书籍板片及江西诸郡板片，立兴文署以掌之，这件事在《元史·世祖本纪》中是有记载的。不过后一点似乎未能彻底做到，事实证明，元代在杭州西湖书院还保留着大批南宋国子监刻书的书板。

元政府把这些南宋的书籍板片运至大都保藏起来是很有眼光的。他们不光关注宋宫中的金银财宝等物质财富，同时关心代表精神财富的书籍和板片，至少后来修《金史》《辽史》《宋史》时就用到了这大批的典籍。

这里以宋理宗的缉熙殿藏书为例。宋理宗爱好读书，在绍定六年（1233）建缉熙殿作为他读书、藏书处，是理宗与群臣“商略经史”“裒置编简”之所，南宋著名

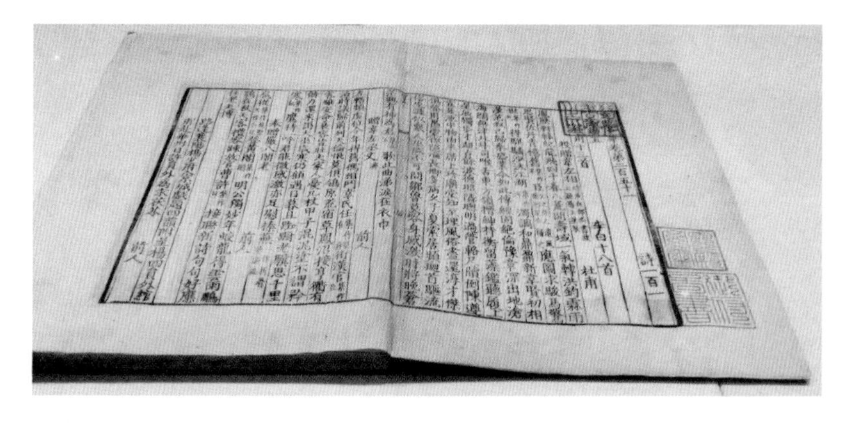

南宋缉熙殿藏《文苑英华》

书商陈思曾任缉熙殿的书籍搜访官。元灭宋后，缉熙殿的藏书无一例外地和宋宫、国家藏书一起运到了大都收藏起来。缉熙殿的藏书很好认，书上有“内殿文玺”“御府图书”“缉熙殿书籍”等藏书印。

南宋缉熙殿的藏书和其他国家藏书到了大都后被收藏在元代的府库里，直到元末修《宋史》《辽史》《金史》时才对这些原取自南宋宫廷和秘书省的藏书加以利用，如南宋原修的国史、实录等。这可和元初董文炳的一段话相对照，据《元史》卷一五六《董文炳传》称：“时翰林学士李槃奉诏招宋士至临安，文炳谓之曰：‘国可灭，史不可没。宋十六主，有天下三百余年，其太史所记具在史馆，宜悉收以备典礼。’乃得宋史及诸注记五千余册，归之国史院。”

及之元至正二十八年（1368）明大将徐达攻克大都，奉朱元璋之命，“封府库，籍图书宝物，令指挥张胜以兵千人守宫殿门，使宦者护视诸宫人、妃、主，禁士卒毋所侵暴，吏民安居，市不易肆”。这是《明史》卷一二五《徐达传》上的明确记载。所以元明之际，南宋缉熙殿等的藏书只是从北京搬到南京，换了个地方而已。例如宋仁宗赵祯的《洪范政鉴》入藏朱元璋的读书堂“大本堂”，南宋嘉泰间吉州刊本《文苑英华》后来由朱元璋颁赐给第三子晋王朱棡。明亡后，《洪范政鉴》和《文苑英华》又如百川归海似地进入清宫，这些书虽经元、明、清几代辗转迁移，但至今仍在人寰。至于南宋灭亡时元朝统治者所取江西等地书板至大都后的情况，迄今未见记载，其情已不得而详了。

元修三史，皇帝下令杭州雕印

胜利者为前朝修国史也是一件大事，元朝也不例外，灭了大辽、大金、大宋三国，所以元朝共修了三部史书，即《辽史》《金史》《宋史》。这三部史书的修纂，当然动用了南宋灭亡之后从杭州取来的档案。值得注意的是，这三部史书修好后，也是由元帝下圣旨命在杭州刻印的。

元至正三年（1343），元惠宗决定按照中国的传统为前朝修史，指定左丞相脱脱为总裁监修，一修就是三部。资料是有的，立国之初就将大宋的秘书省以及宫廷藏书档案都藏在大都的府库里，搬出来整理一下就行了。脱脱受命后就赶紧组织班子进行修史，一年后《辽史》成，至正五年（1345）九月，惠宗下旨令江浙、江西二省开板（事实上，最终全部由江浙行省负责在杭州一地开板）。对经费使用也作了明确的规定，就在学校的经费内使用。

皇帝下这样的命令并不奇怪。按理说，元政府可以命大都的兴文署（职能相当于宋之国子监）开板印刷，但脱脱等想起了一件陈年旧事：那是在元仁宗延祐元年（1314），大司农司编了一本农书《农桑辑要》，以指导各地农耕桑蚕，发展农业生产。此书编好后在发下去之前，先呈请仁宗御览，结果仁宗下了道圣旨，说“这农桑册子字样不好，教真谨大字书写开板”，结果是由杭州重刻后，仁宗才算满意。原因何在？我们知道，有些传统是需要长期积累的，书板可以调到大都，但积累了几百年的文化传统不会随之而去，工艺和工匠的精神也不会随之而去，杭州刻书还是一枝独秀，全国第一。从此，凡是重要的书籍都交付杭州刻印成了惯例，此次刻印修成的三史，自是循例而行。《辽史》元刻原本今不存，《金史》尚存元至正五年江浙等处行中书省所刻的八十卷，据《中国版刻图录》著录，称“纸墨精湛，世无其匹”，说明元代杭州刻书的水平仍是非常高超的。

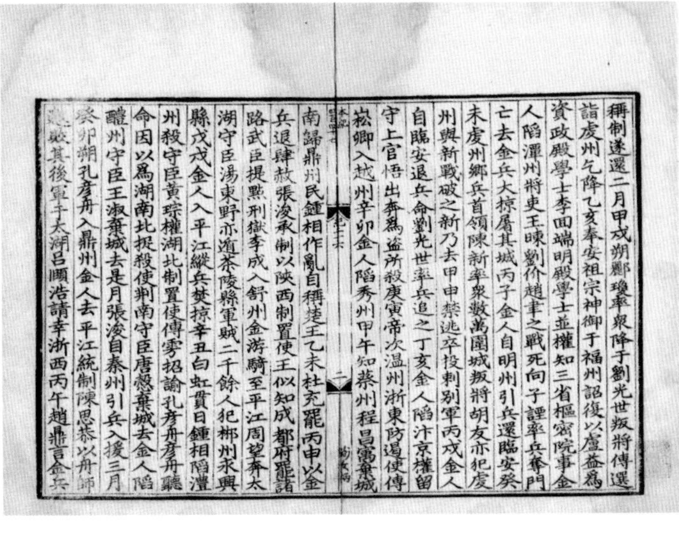

稱制遂還二月甲戌朔鄭瓊率衆降于劉光世叛將傅選詣虔州乞降乙亥奉安祖宗神御于福州詔復以盧益爲資政殿學士李回端明殿學士並權知三省樞密院事金人陷潭州將吏王暕劉价趙聿之戰死向子諲率兵奪門亡去金兵大掠屠其城丙子金人自明州引兵還臨安癸未虔州鄉兵首領陳新率衆數萬圍城叛將胡友亦犯虔州與新戰破之新乃去甲申禁逃卒投刺別軍丙戌金人自臨安退兵命劉光世率兵追之丁亥金人陷汴京權留守上官悟出奔爲盜所殺庚寅帝次溫州浙東防遏使傅崧卿入越州辛卯金人陷秀州甲午知蔡州程昌寓棄城南歸鼎州民鍾相作亂自稱楚王乙未杜充罷丙申以金兵退肆赦張浚承制以陝西制置使王似知成都府罷諸路武臣提點刑獄李成入舒州金游騎至平江周望奔太湖守臣湯東野亦遁茶陵縣軍賊二千餘人犯郴州永興縣戊戌金人入平江縱兵焚掠辛丑白虹貫日鍾相陷澧州殺守臣黃琮權湖北制置使傅雱招諭孔彥舟彥舟聽命因以爲湖南北捉殺使荊南守臣唐愨棄城去金人陷醴州守臣王淑棄城去是月張浚自秦州引兵入援三月癸卯朔孔彥舟入鼎州金人去平江統制陳思恭以舟師邀擊其後軍于太湖呂頤浩請幸浙西丙午趙鼎言金兵

元代江浙等处行中书省刊印《金史》书影

元至正六年（1346）四月，《宋史》修成，元惠宗关于刻板问题专门下了一道圣旨，认为正本已成，理应比照辽、金二史指定江浙行省刊刻印造。而原史官翰林院编修张翥、国子助教吴当二人深知《宋史》编纂过程，便派二人前去监临刊刻，即使工匠有笔画讹误，有二人临场督摹，亦可就便正是纠非。为此即派史官翰林应奉张翥赍《宋史》定本净稿快马加鞭驰驿前去，并精选高手人匠，按所持《宋史》净稿依式镂板。这道圣旨是发给江浙等处行中书省的，江浙行省自然一切照办。

所以，元修辽、金、宋三史都是按元代皇帝命令在杭州刻印的，证明元代时杭州刻书仍保持着全国领先的势头。

众所周知，杭州刻书自宋时成为一种产业以来，一直处在全国领先的地位，而一个传统的形成要有一个长时间的积累过程，从五代吴越王钱俶三次大规模刊刻《陀罗尼经》以来，杭州历经一二百年时间，在印书方面培养了一批技艺精湛的写工和刻工。杭州刻书主要用欧阳询体，也间用褚、柳体，所写板样的文字秀雅无比，加之精工雕印，使书籍本身就是一件艺术品。另外，刷印工调墨浓淡适宜，兼之好墨佳纸，所印之书自然有一种整体的美感，为人所珍爱，元朝的皇帝也喜欢杭州刻书便不难理解了。优秀传统的形成非一朝一夕之功，而要靠百年甚至几百年的努力和积累才能形成。精益求精，好上加好，这就是我们常说的工匠精神！

清平山堂　宋元话本

翻开中国小说史，明清的白话小说如冯梦龙的“三言”和凌濛初的“二拍”是那么光彩耀眼。但是，很少有人知道，在白话小说的发展过程中还有一个宋元话本的阶段。宋元话本是宋元时代说话（书）人的底本。明代的杭州西溪人洪楩刻了一部《六十家小说》，现在通常称做《清平山堂话本》。洪楩得到了一个宋元说话（书）人的底本，里面有六十个宋元时代说话人讲述故事的底本，纯是当时的白话，便编印成书。自此，中国的文言笔记小说和用口头白话讲述故事并存。洪楩为了存真，刻梓这些故事时不加改动，以致书中讹文夺字，在在皆是。洪楩是位传统的藏书家，并不是不懂校勘、整理的重要，他是有意这样做的，实际的效果就是这些故事直接滋养了明清白话小说的后来者们。

“话本”之祖《六十家小说》

中国古代文学向来视唐诗、宋词、元曲、明清小说为当时之瑰宝。明清小说是在“宋元话本”的基础上发展起来的，尤其是白话短篇小说，先有洪楩的《六十家小说》（《清平山堂话本》）的宋元“话本”，后有冯梦龙的“三言”（《警世通言》《醒世恒言》《喻世明言》）、凌濛初的“二拍”（《初刻拍案惊奇》《二刻拍案惊奇》），都是从话本小说逐渐发展起来的。

何谓话本，简言之就是说话人的底本。南宋临安城内尤其是御街（今中山中路）一带有许多勾栏瓦子、茶楼酒肆，在这些消闲娱乐场所，常有说书人在此讲今说古，娱乐大众。据《都城纪胜》记载：“说话有四家：一者小说，谓之银字儿，如烟粉、灵怪、传奇。说公案，皆是搏刀赶棒，及发迹变泰之事。说铁骑儿，谓士马金鼓之事。说经，谓演说佛书。说参请，谓宾主参禅悟道之事。讲史书，讲说前代书史文传、兴废争战之事。”

这些说话人在表演之前，应该有个提纲，随着多次的讲说，对说话的内容不断进行修改补充，故事的情节也会不断变化充实，最终形成一个底本。据罗烨的《醉翁谈录》记载，当时流传的话本有一百多种。但这些话本小说并无完整的文字本子，明嘉靖年间，杭州的洪楩将他见到的话本故事刻梓成了一部书，称为《六十家小说》，保留了自南宋至明初的话本故事六十个。

官家子弟洪楩开书坊

洪楩是钱塘西溪人氏，字子美，出身书香世家。祖父洪钟，曾官刑部、工部尚书，《明史》有传。洪钟是杭州自明至清洪氏五世藏书的创始人，曾有诗赠子洪楩之父洪澄云：

汝父慕清白，遗无金满籯。
望汝成大贤，唯教以一经。
经书宜博学，无惮历艰辛。
才以博而坚，业出勤而精。

洪楩是洪钟之孙、洪澄之子，洪钟的藏书传至洪楩时为第三代，再传洪瞻祖及吉臣、吉辉、吉符恰合五代。如果从洪钟往上溯，则南宋三洪学士洪适、洪遵、洪迈是他们的先祖，藏书历史源远流长。洪楩属洪遵一支，其藏书处在西溪，称三瑞堂。

洪楩袭祖荫曾做过詹事府主簿，但他厌恶这种俗吏生活，不久即辞官回家。洪家是世代官宦、簪缨门第，从家人的观念看，主簿虽是一个小官，但由此谋个出身也是好的，官做大了，博个封妻荫子更是一件人生快事，故对洪楩的辞官多有埋怨之词。洪楩一气之下，便离家在城里吴山之阳的清平山脚仁孝坊赁了一所房子，搬到那里去住，读书做学问，图个耳边清净。

这南宋御街在南宋时是个热闹去处，尤其镇海楼（今鼓楼，亦称朝天门）一带，南宋时有尹家书铺，明代嘉靖以来更是个书坊书市集中之地。明代兰溪胡应麟这位书史专家在《少室山房笔丛》卷四中对杭州书铺曾有这样的描述：

> 凡武林书肆多在镇海楼之外及涌金门之内、及弼教坊、及清河坊，皆四达衢也。省试则间徙于贡院前；花朝后数日则徙于天竺，大士诞辰也；上巳后月余则徙于岳坟，游人渐众也；梵书多鬻于昭庆寺，书贾皆僧也。自余委巷之中，奇书秘简往往遇之，然不常有也。

从这段话中可以看到杭州书市之繁荣，而镇海楼书肆特多。对洪楩来说，清河坊、弼教坊皆是举足可到之地，常常徜徉于书肆间选购喜爱之书，日子久了便与镇海楼一带的书坊老板十分熟稔了。

一日，洪楩来到朝天门勤德堂书肆小坐，余老板一见是熟客，立命看茶。这勤德堂原是杭州朝天门附近的百年老店，老店主余上勤继承祖上事业，一生刻书，但到了五十岁前后却出现了一个危机，缘因独子中了个秀才，一心想读书考科举做官，并无继承刻书祖业的想法。余上勤别无他法，想想人各有志，不能勉强，后继乏人，只得缩小经营，以图抽身，就对洪楩言道："我看洪先生是读书人出身，有官不做，小儿却要去挤这独木桥……真是……"话语中间长叹一声。

他们两人东拉西扯，谈了一通，洪楩行将告辞之时，余老板又道："我看洪先生如此喜书，何不开一家书店以自娱？我店中王、赵两位师傅，一位精写版样，一位善刻字，多年在此，大家有了感情，小店行将结束，我也不忍回了他们，洪先生若有意可将他们请去自己刻印书籍。"

这番话突然让洪楩开了窍，想自己何不将这勤德堂书店盘过来，自己在仁孝坊原有个清平山堂的堂名，可作书肆之名。两人一合计，洪楩给了余老板若干银两，将店盘了下来。从此，朝天门的勤德堂就改作了"清平山堂"，仍请余老板做掌柜照顾营业。余上勤答应洪楩帮衬一两年，事毕就要回转安徽歙县家中，毕竟儿子要科考也是一件大事。

就这样，洪楩的"清平山堂"书肆就开张了。洪楩刻的第一部书是远叔祖洪迈的《夷坚志》，这是一部笔记小说集，是洪迈随笔所记，内中颇多杭州野史、神鬼古怪故事，共五十卷，分甲、乙、丙、丁、戊、己、庚、辛、壬、癸十集，每集五卷。洪楩印这本书是有道理的，一则这是远叔祖洪迈所撰，刻这部书也是为先人做点事；再是西溪家中三瑞堂有部抄清稿，刻这部书既为祖先扬

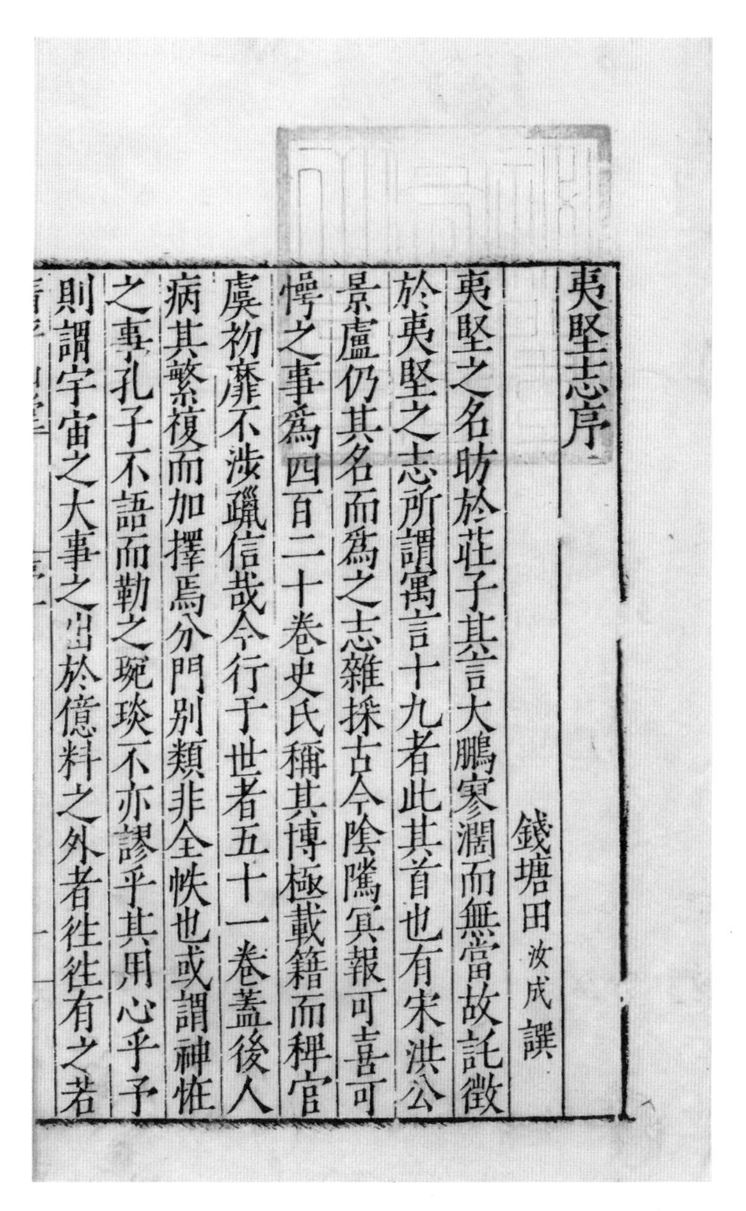

夷堅志序

錢塘田汝成譔

夷堅之名昉於莊子其言大鵬寥濶而無當故託徵於夷堅之志所謂寓言十九者此其首也有宋洪公景盧仍其名而爲之志雜採古今陰隲冥報可喜可愕之事爲四百二十卷史氏稱其博極載籍而稗官虞初靡不涉躐信哉今行于世者五十一卷蓋後人病其繁複而加擇焉分門別類非全帙也或謂神怪之事孔子不語而勸之琬琰不亦謬乎其用心乎予則謂宇宙之大事之出於億料之外者往往有之若

清平山堂刊印《新编分类夷坚志》书影

名，稿子又是现成的，不用花钱去买。谁知此书一经印好，因为洪迈名著，且内容有趣，故销路甚好，购者甚众。销完后一盘算，竟赚了二十多两银子，洪楩甚是高兴，遂拿出十两银子送给余老板作为回安徽的程仪，又拿出十两银子送给写板、刻板、刷印的工匠，众人也是高兴。

宋元话本现身，洪楩刻印《六十家小说》

一日，余老板对洪楩道："小儿科考在即，我想早日回家，特来辞行。"言毕拿出一个包袱说："这是部书稿，当日原是一位说书艺人留在我家的，说是祖辈相传，是一些说话的底本，也是祖上心血所萃。他因贫病交加，只得回乡去了，我送了他几两银子做路费，他定要将这包底本送与我，今日赠予洪先生，不知有用否？倘若有用，先生可将它刻梓出来，若是无用，丢掉便是。"言毕拱手而去。

洪楩将这包袱拿回去后，足足整理了几个月，待整理完后粗读一遍，不由得大喜。尽管这包书稿错字别字很多，书写粗劣，字迹大小不一，但一页一页读下来也还算完整。他想起南宋时杭州茶楼酒肆多有说话人讲经说史，罗烨《酒翁谈录》中说有一百多种，今多佚失，因此这一部手稿不是一件异宝吗？遂下决心找人将这底稿抄清，足有几十个宋元话本故事，还有少量是本朝的。为了验证自己的判断是否正确，洪楩还专门到清河坊的茶楼去听了几场书，结识了一位说书先生。那位先生说："我们这行是师傅带徒弟，说话人只有几张纸的故事梗概，到说书时临场发挥。我曾听师傅说过从前说书人都有底本，是吃饭家伙，今日得见，实乃平生之幸。"说毕连连作揖打躬："先生提出的这些题目，想是先前宋元时代故事，你为我找到了祖师爷了！"

洪楩听他这一番话，想来自己的判断不错。又听说苏州、无锡以及湖州等江南水乡富裕之地，说话人众多，有些文人雅士也在写话本小说，便觉得若能将此书刻印出来，销路定然不错。而且将这些故事刻出来既为这些说话人提供了底本，经他们的敷演增色也可娱人教化，又可为那里的文人雅士提供素材，经他们的生花妙笔改写，定然会使话本熠熠生辉。更重要的是，这话本刻印出来后，不就保留了一种文学品种，使失传已久的话本重放光彩了吗？想到这里，他“噗”的一声笑了出来。

洪梗将那部书稿定名为《六十家小说》，分为《雨窗》《长灯》《随航》《欹枕》《解闲》《醒梦》六集，每集十个故事，共六十篇。

洪梗毕竟是读书人出身，心想此书既是话本，即是说话人的底本，今一字不改地将之付印，以示其本来面貌，主要是为了存真，以供后人研究。再者，他知道如今说书人买了此书，定要根据需要充实内容、变换情节，使故事更为生动，将来定有不少修订本出来，使之更臻完备，这样宋本、元本是一个模样，当朝的改定本又是一个模样，两相对比自然更为完备。于是他关照写板师傅照样写板，并告之即使其中有讹文本字亦一如其旧，就连缺字也不补出。他这样做众人自是不解，想想主家自有道理，也

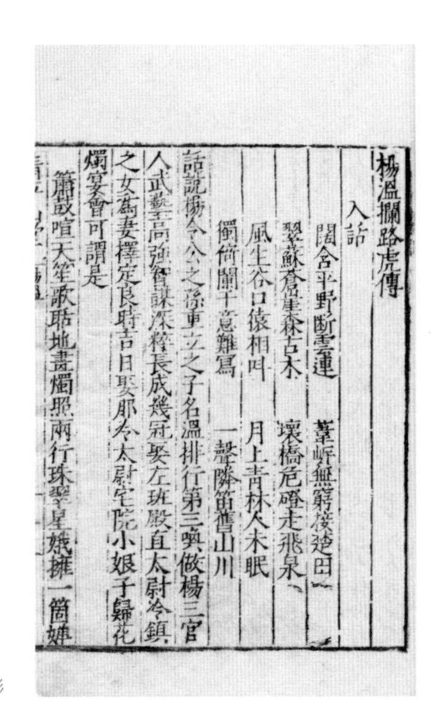
楊溫攔路虎傳
入話
閬含平野斷雲連　葦岸無窮接楚田
翠蘇蒼崖森古木　壞橋危磴走飛泉
風生谷口猿相叫　月上青林人未眠
獨倚闌干意難寫　一聲隣笛舊山川
話說楊令公之孫重立之子名溫排行第三喚做楊三官
人武藝高強智謀深穩長成幾冠娶左班殿直太尉冷鎮
之女為妻擇定良時吉日娶那冷太尉宅院小娘子歸花
燭宴會可謂是
簫鼓喧天笙歌聒地畫燭照兩行珠翠星娥擁一箇嬋

《清平山堂刊小说》十五种书影

就照办了。谁知几百年后有人研究宋元话本小说，却对之赞扬不已，谭正璧校点、古典文学出版社 1957 年出版的《清平山堂话本》中就有如是一番话：

> 大都一仍传钞原文，未经刻书者任意修改，所以篇中误文夺字，到处都是，远不如明末诸选本所选入的通顺可读。但由此却保存了话本的原始形态和原始风格，并使我们可以看到它们，更由此而了解所以造成此种情况的原因，却是极有意义与价值的。

洪楩的《六十家小说》刻好后就在杭州朝天门清平山堂书铺出售，想不到销量竟意外地好。那时杭州城里的酒楼茶肆虽不及南宋之盛，但大街小巷也是满街都有，除了说三国、讲水浒的，还有不少讲述各种灵怪和人情故事的，这本《六十家小说》故事都是现成的，一是受说书人欢迎，有了这本书，就不必死记硬背，就是那些讲史的，也常拿这些短篇白话作为“入话”，惊堂木一拍，先讲个小故事，也可吸引听众耳目，集中他们的注意力，这些故事又质朴无华，尽可加叶添枝尽情发挥，所以那些说书人就算不是自己买一部，也是几人合买一部，分而析之，交换说话，这是读者群之一；二是有些识字的人，家境尚可的也去买一部，无事翻翻，亦可对家人讲讲，这样这些话本便先在苏锡常、杭嘉湖一带迅速流行起来，丰富了人们的业余生活。

《六十家小说》与《清平山堂话本》

洪楩当年刻梓的《六十家小说》究竟印了多少部？今已无法知晓。随着岁月的流逝和汰洗，到民国时国内几乎没有传本存世了，只有民国十八年（1929）北平古今小品书籍印行会曾经影印过日本内阁文库藏的明版《清

北平古今小品书籍印行会影印的日本内阁文库藏《清平山堂话本》

平山堂话本》,这也是个残本,共有十五篇,仅为原书《六十家小说》的四分之一。因为书板刻有"清平山堂"字样,就以此为书名,称为《清平山堂话本》。当时人们还不知这是洪楩刻的《六十家小说》的残本呢!

民国二十二年(1933),北大教授马廉先生在回故乡宁波期间,"有一天无意之中买了一包残书,居然整理出洪氏刻的《绘事指蒙》和十二篇话本来了"!这十二篇话本与日本所藏十五篇没有相同的,板心刻的清平山堂情形却是相同,有些刻了,有些没刻,因此初步证明了清平山堂话本至少有二十七篇。这十二篇话本是嘉靖时用黄棉纸印的,分订成三册,"每册好像是五篇,与日本本十五篇分三册可以互证"(马廉《影印天一阁旧藏雨窗欹枕集序》)。马廉又考证证实他买来的残本其实原是天一阁藏本,后来流散出来的。因此马廉将他所发现的《雨窗集上》(话本五篇)、《欹枕集上》(话本二篇,共残存七叶)、《欹枕集下》(话本五篇)合共十二篇于民国二十三年(1934)于北平以平妖堂的名义影印出版。后来小说史家阿英又发现了两篇，即《翡翠轩》和《梅杏争春》，因系断简零墨无法影印。1957年由古典文学出版社据北京古今小品书籍印行会影印本（即日本内阁文库藏的十五篇）和马廉平妖堂影印的十二篇合题为《清平山堂话本》予以排印出版，这个版本就是我们今日见到的二十七篇宋元话本的《清平山堂话本》，亦即洪楩《六十家小说》的不完全本。

有研究者言：《清平山堂话本》中《西湖三塔记》中有白衣妇人、卯奴、婆子三怪，后来被奚宣赞的叔叔奚真人行法捉来，原来白衣妇人是条白蛇，卯奴是只乌鸡，婆子是只水獭，她们修炼成精，变成人形，祸害奚宣赞这个年轻小伙子。杭州有名的民间爱情故事许宣与白娘子可能受此影响，此说有一定的道理。清初的洪昇讲过一个故事，说是杭州在明朝弘治年间有三怪，即是雷峰塔的白蛇、金沙港的三足蟾和流福沟的大鳖。后来三足蟾为方士所捉，流福沟的大鳖为屠者所钓，只是出现了雷峰塔与白娘子，后来演变成许宣与白娘子的爱情故事，写定人是万历年间的苏州冯梦龙先生，于此说来，杭州这个爱情之都称号的由来，洪楩还有一定的功劳！

洪楩的《六十家小说》（《清平山堂话本》）对我国的白话小说影响还远不止于此。现存的《清平山堂话本》有宋人话本十二种，除了《西湖三塔记》而外，其他如《合同文字记》《风月瑞仙亭》《蓝桥记》《陈巡检梅岭失妻记》《五戒禅仙私红莲记》《刎颈鸳鸯会》《杨温拦路虎传》《花灯桥莲女成佛记》《董永遇仙记》《梅杏争春》等，除《梅杏争春》不详外，余均可以找到与明代白话小说和元杂剧的关系。比如说《合同文字记》是最早在民间流传的包公断案的故事；《风月瑞仙亭》后经冯梦龙删改作《俞仲举题诗遇上皇》的“头回”；《蓝桥记》与元杂剧《裴航遇云英》、明传奇《蓝桥记》等都有联系；《陈巡检梅岭失妻记》中出现了齐天大圣猿精的形象，对明初杨景贤《西游记》杂剧和吴承恩的《西游记》有一定的影响、滋养及启发；《五戒禅私红莲记》后经冯梦龙改写为《明悟禅师赶五戒》，收入《喻世明言》；《董永遇仙记》对后世南戏一直到现代戏曲舞台上演出的董永和七仙女的故事都有直接和间接的影响。

《六十家小说》（《清平山堂话本》）保存了元人话本六种，即《柳耆卿诗酒玩江楼记》《简帖和尚》《快

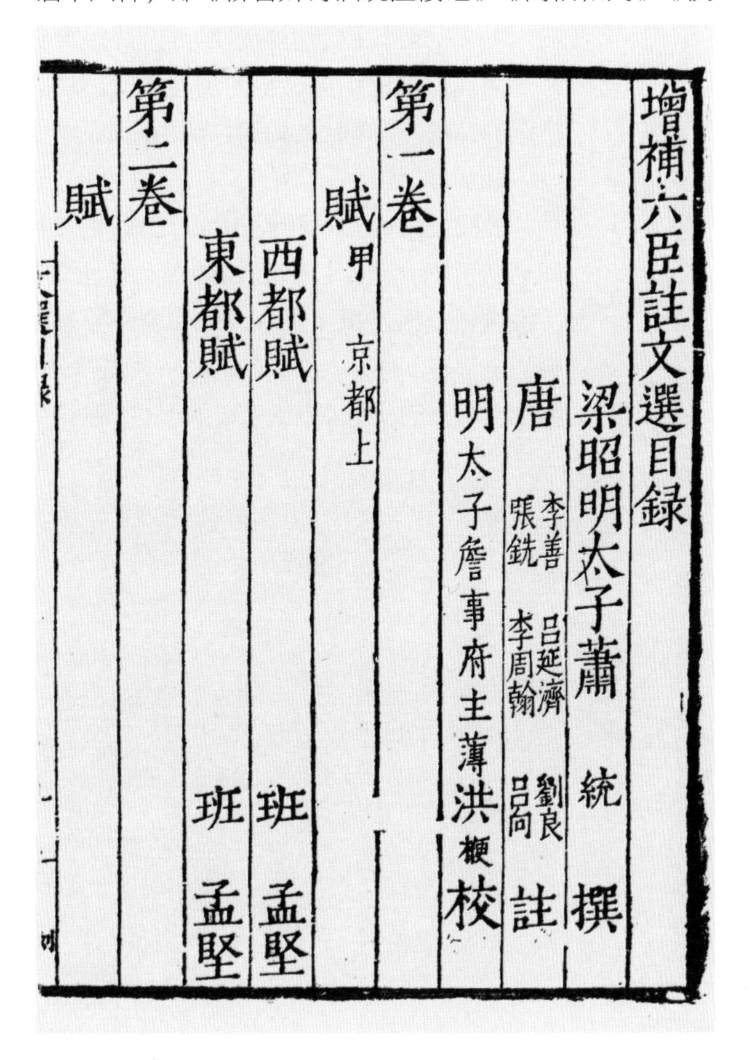
增補六臣註文選目録
梁昭明太子蕭 統 撰
唐 李善 呂延濟 劉良 張銑 李周翰 呂向 註
明太子詹事府主薄洪楩校
第一卷
賦甲 京都上
西都賦 班孟堅
東都賦 班孟堅
第二卷
賦

明嘉靖二十八年（1549）钱塘洪楩刊本《六臣注文选》书影

嘴李翠莲记》《曹伯明错勘赃记》《错认尸》《阴骘积善》。其中如《柳耆卿诗酒玩江楼记》，冯梦龙曾据以改编为《众名姬春风吊柳七》，收入《喻世明言》；《错认尸》冯梦龙略加删改润色，收入《警世通言》，改题为《乔彦杰一妾破家》；《阴骘积善》凌濛初曾采以改编作为他的《初刻拍案惊奇》中的《袁尚宝相术动名卿 郑舍人阴功叨世爵》的"头回"，文字基本相同。

通过以上简述，可证《六十家小说》（《清平山堂话本》）对明代白话小说影响之大，如果全书六十篇俱在的话我们可以找出更多的例证。反过来说，如果没有洪楩的编刻，则明代的短篇白话小说要逊色得多。

洪楩在嘉靖二十四年（1545）到嘉靖三十六年（1557）间刻书颇多，例如《蓉塘诗话》《六臣注文选》《路史》《洪楩辑刻医学摄生类八种》《唐诗纪事》《新编分类夷坚志》等多种，人称其刻书颇精，也有说他"杂"的，我想大概指的就是《六十家小说》（《清平山堂话本》）。

明代坊刻　精美插图

明代时，杭州是全国四大书籍流通市场之一，到了后期特别是万历年间，小说、戏曲等市民文学书籍上出现了精美的插图，这些插图往往由名画家创稿、名匠人刻梓，与小说、戏曲的精美文字完美结合。这些插图本身也是精美的艺术品，容与堂本《水浒传》就是个中代表，博得了人们的广泛喜爱。这些小说、戏曲犹如插上了翅膀飞入千家万户，受到人们普遍的热捧……

遍布大街小巷的书坊

在明代，全国有四大书籍流通市场，即北京、南京、苏州、杭州。除了北京以外，其余都在长江三角洲地区。这三地历来文化发达、商业繁荣，特别是到了万历时期，商品经济发达，产生了资本主义的萌芽。浙江兰溪有位胡应麟先生（1551—1602），性喜藏书，少从其父胡僖宦游，走南闯北，用他自己的话说是“遍历燕、吴、齐、赵、鲁、卫之墟”，他又特别爱书，所至之处寻书、访书、买书，对各地的书市十分熟悉，他在《少室山房笔丛》卷四的《经籍会通》里曾说过：

今海内书，凡聚之地有四，燕市也，金陵也，阊阖也，临安也。闽、楚、滇、黔则余间得其梓，秦、晋、川、洛则时友其人。旁诹阅历，大概非四方比矣。两都、吴、越皆余足迹所历，其贾人世业者往往识其姓名。

根据胡应麟的描述，杭州的书坊书店主要集中在以下这些地方：一是镇海楼之外涌金门以内的一大区块有众多书坊集聚。镇海楼即今鼓楼，从鼓楼到涌金门以内，当时是杭州的闹市区，人口稠密，商业繁华。二是从弼教坊到清河坊，属于城内大街，也是书坊林立。三是乡试期间，流动书肆在贡院前一带售书营业。四是每逢二月十二或者十五的百花生日花朝节、二月十九的观世音菩萨生日，因天气逐渐暖和，流动书肆迁至灵隐天竺一带。五是三月初三上巳后书肆则集中于岳坟，这时游客、香客众多，这书肆临时设摊于杭州西湖的各个风景区，为游杭游湖的香客、旅客服务，招徕读者。如果要购买佛教典籍则可去昭庆寺，那里的僧人有专卖书的。除了这些地方以外，杭州的小巷之中也有书店，有时也能买到奇书秘简。胡应麟自己就有这样的经历，他在《少室山房笔丛》卷二中讲了自己委巷遇书的故事：

有次他在杭州的一条偏僻小巷的一家书店中见到张文潜《柯山集》的钞本十六帙，“书纸已半漶灭，而印泥奇古，装饰都雅”，判断此书当为名流所藏，而子孙售于书肆，“余目之惊喜”，但因身边无现银，身边所持只有绿罗二匹，估计不足书价，因脱下所穿的“乌丝直裰半臂，罄归之”，才达成交易。因那天官中有要事，不解外衣与之，因约第二天早晨交货取书。胡应麟得此善本，心中极兴奋，一夜未眠，第二天清早连梳洗都来不及，匆匆前往交钱取书，但到后一看，该书铺昨天因邻火延烧，此书已被烧毁。胡应麟痛惜万分，“怅惋弥月”。因此特地写了此文，希望有同好的“博雅君子共访或使遇之”。就是告诫同好者，杭州处处有好书，千万不要像自己一样错失机遇，该下手时就下手！

胡应麟生活的年代是晚明的隆、万年间，这个时期是明代杭州刻书的全盛时期，成为全国四大书市之一。在胡应麟的笔下，杭州的几个主要区块如镇海楼、涌金门区块，清河坊到弼教坊棚桥一带，风景区的天竺、岳坟等地，到处都有书肆和流动书摊。

万历年间，杭州城里有多少家书坊，恐怕是个永远搞不清的问题，有人以为有一二百家，但都只是猜想，缺少依据。经我查考有书店名字、书坊经营者姓名的约有二三十家，现主要罗列以刊印小说和戏曲为主的若干家于后。这些书坊主要刻印人们喜闻乐见的小说、戏曲，而且这些小说、戏曲的印本多数还有插图，而且插图很精美，更引人入胜，引人争相购买，我喻之为给书本插上了翅膀飞入千家万户。

王慎修首刻《三遂平妖传》插图小说

书有图画，古已有之，有人以为“图书”二字就是这样来的。杭州五代吴越国时刻的《陀罗尼经》卷首就有礼佛图，宋代杭州临安府众安桥南街开经书铺贾官人宅印造的《佛图禅师指南图赞》是上图下文，南宋宋伯仁著的《梅花喜神谱》也是图文并茂的，但总体而论，除个别特殊的书籍外，经史子集等书，仍是以文字为主的。

到了明代万历年间，市民文学兴起，根据读者的需要，小说、戏曲类书籍大量出现。聪明的书坊主人就想出在书籍中上加入插图，例如《水浒传》中的梁山一百零八将，作者的文字描述已不能满足读者的要求，人们很想看看武松打虎的英姿，也想看到《西厢记》《牡丹亭》等戏曲中这些天生佳偶的形象。因此，在书中放上人物插图的操作便应运而生了。

但是，图书的插图或人物，或山水，或屋宇，都要有画家创稿、画工临摹，要有雕工刻梓才能完成，具体该怎么操作呢？

这不需着急。话说明万历年间某天，杭州的书商们有个聚会，到场的有容与堂书铺的容老板、曼山馆书铺的主人徐象枟、朝天门书铺的翁文溪翁晓溪兄弟、凝瑞堂的李老板，还有继锦堂的老板、绍兴人商濬，最后一位是夷白堂主人杨尔曾等七八家书铺的老板。这几家书铺都设在朝天门至涌金门一带的大街上，平日经常走动，关系都不错，书客上门时若有余缺也相互介绍，人说同行是冤家，他们却恰似一家，图个有生意大家做，有财大家发。

容与堂的容老板首先开言："前些日子兰溪胡元瑞先生到过小店，说起如今全国书市以北京、南京、苏州与吾杭为盛，北京、南京是皇都所在，目下苏州也急起直追，就是下三府湖州织里一个小镇因有书舶之便，生意也一直做到了北京，或批发或零售，利润甚是可观。各位可有良策，发展我们业务，以不负前人所言'今天下印书，杭州为上'的盛名？"

夷白堂主人杨尔曾言道："我倒有个主意，请各位商酌。我想如今经史子集各类书籍已渐趋饱和，现今国泰民安，百姓日子过得不错，人人喜读小说戏曲，何不在这方面动动脑子？"

众人听他一说，脑中灵光乍现，豁然开朗。容老板说："嘉靖年间洪楩洪先生不是在清平山堂刻过一部《六十家小说》吗？此书十分畅销，我们先前眼光都集中在读书人身上，现下有许多识字之人，如果能像洪先生那样印些小说、戏文之类，定能打开销路，我们怎的忘掉了这些人？”正说到此处，忽然听到有人鼓掌，众人一看，原来是慎修堂主人王慎修也来了，他因迟到坐在末座，众人起先也并没有注意。

王慎修道：“适才各位所议，在下十分赞同。小弟还有个想法：图书图书，要有图有文，始成图书，故而在下认为，我们为识字的市民所印之书，还要加上图画，且要画得精细秀雅，不能只草草几笔，粗俗不堪，要做到让人爱不释手，这样的书人们自然喜爱。日前我买到一部小说书稿叫作《三遂平妖传》，据说是本朝罗贯中先生所著，粗粗一看，文字平平，尚可一读。小弟已与南京名画工刘希贤谈妥，他愿为此书作几幅画，看看读者可喜欢？”这下轮到大家鼓掌了，众人说：“王先生走一步，我等再行紧紧跟上。”

《三遂平妖传》甫一上市，果然销路甚好，虽不能说令洛阳纸贵，但购者甚众，有些人更是冲着插图才去买的。王慎修看生意不错，将书板略加修理，赶快又印了一版，还是一样热销，有些读者特别欢喜书中的插图。此书插图画稿不知为何人所创，但刻工刘希贤却是金陵名工，曾在南京刻过《金陵梵刹志》等多种书籍插图，他将《三遂平妖传》中的插图刻得十分传神，人物虎虎有生气。金陵版画原以风格豪放见长，而杭州人却比较喜欢欣赏秀丽的风格，刘希贤将两者杂糅在一起，更为人所喜闻乐见。故而书甫一上市即受到人们的喜爱。

到了民国早年，北京大学教授马廉（隅卿）在北京琉璃厂的来薰阁书店以四十五元的价格购得明万历杭州王慎修刻的四卷二十回本《三遂平妖传》的孤本，喜不

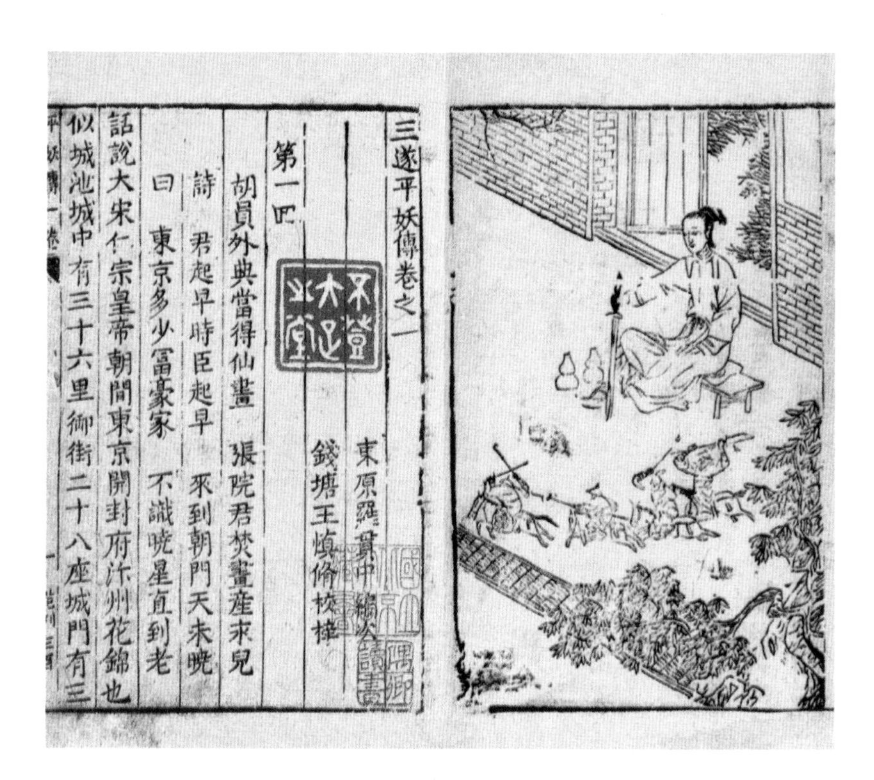
三遂平妖傳卷之一
東原羅貫中編次
錢塘王慎修校梓
第一回
胡員外典當得仙畫　張院君焚畫產來兒
詩　君起早時臣起早　來到朝門天未曉
曰　東京多少富豪家　不識曉星直到老
話說大宋仁宗皇帝朝間東京開封府汴州花錦也
似城池城中有三十六里御街二十八座城門有三

明万历年间杭州书坊主王慎修刊印《三遂平妖传》书影，插图为南京刘希贤刻

自胜，遂将自己的书斋名“不登大雅之堂”易为“平妖堂”，文字学家、北京大学教授钱玄同专门为他题写了新的书斋名，此事发生在 1929 年，成为北平文人间的一桩美谈。“平妖堂”的镇斋之宝就是这部王慎修刻的明万历本的《三遂平妖传》，可见珍爱至极。

容与堂刻李评本《水浒》和戏曲

王慎修的慎修堂刻了《三遂平妖传》后，容与堂的老板不声不响地在市场上推出了李卓吾先生的批评本《水浒传》。李卓吾（1527—1602），名贽，字宏甫，卓吾是他的号，又别署温陵居士，福建泉州人，明代思想家、文学评论家。此书刊于明万历三十八年（1610）。

为了刻好这部《李卓吾先生批评忠义水浒传》，容与堂老板可以说是下足了本钱，用足了功夫。他先是托人买来了据说是施耐庵传人的稿本。坊间传言，施耐庵是元代杭州的书会才人，至明中期才去世，殁前将一部亲笔撰写的《水浒传》的稿本传给了他的一个学生，这位学生宝藏此手稿，此次是容与堂主人托朋友花了重金始录出一个副本。为了这本书能招徕读者，容与堂老板又托人买来了李卓吾先生批评《水浒传》的遗稿，名家批评之书自然更能吸引读者的眼球。这还不够，他又花重金聘来由拳人赵璧（字枝能，又字无瑕）为水浒人物创画稿，据载赵璧是个文人画家，他所作的画超然物外，艺术性较高，且又善草书，工诗，论者谓其山水清丽、人物传神。又专门请来歙县虬村的雕版师傅黄应光及其后辈黄一楷、一凤、一彬为此书刻图。为了印好这部书，容与堂主人可说是不惜工本，投入绝大，当然产出亦大。此书一出便轰动杭州书林，影响绍兴和南京，连湖州书

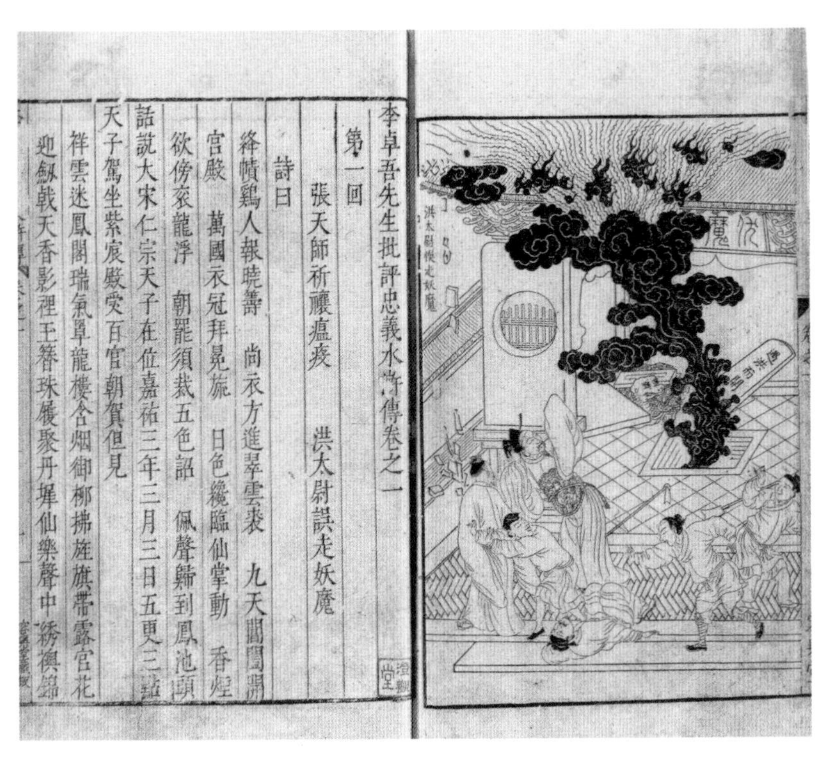
李卓吾先生批評忠義水滸傳卷之一
第一回　張天師祈禳瘟疫　洪太尉誤走妖魔
詩曰
絳幘鷄人報曉籌　尚衣方進翠雲裘　九天閶闔開
宮殿　萬國衣冠拜冕旒　日色纔臨仙掌動　香煙
欲傍袞龍浮　朝罷須裁五色詔　佩聲歸到鳳池頭
話說大宋仁宗天子在位嘉祐三年三月三日五更三點
天子駕坐紫宸殿受百官朝賀但見
祥雲迷鳳閣瑞氣罩龍樓含烟御柳拂旌旗帶露宮花
迎劍戟天香影裡玉簪珠履聚丹墀仙樂聲中繡襖錦

明代容与堂刊本《李卓吾先生批评忠义水浒传》书影

舶也纷纷上门前来求货。

这部《李卓吾先生批评忠义水浒传》的出版，奠定了容与堂在杭州书林中的老大地位，远至苏州、南京，近至湖州、绍兴等浙省本地，无人不知容与堂，当然也为容与堂赚了不少银子。

然而容与堂主人并未就此止步，而是再接再厉刻出了一批戏曲书籍，这就是有名的容与堂本六种曲，即李卓吾评的插图本《西厢记》《琵琶记》《幽闺记》《红拂记》《玉合记》《玉簪记》，合称为“容与堂六种曲”。

戏曲和小说一样有很大的受众面，为人们所喜闻乐见。和小说《水浒传》一样，荣与堂出的“六种曲”同样采用李卓吾的批评本，也同样加上了精美的插图，受到众人的广泛欢迎。

“容与堂六种曲”以《琵琶记》刻得最为精美，是由拳名画家赵璧创稿，歙县虬村黄应光刻图。这里顺便说一下歙县虬村黄氏雕工。歙县人多地少，歙县黄氏原来也是书坊雕匠世家，擅长刻图，因在故乡谋生不易，就沿着新安江来到杭州谋生，发现杭州的市场很大，便纷纷驻足于此，成为新杭州人。他们后又招来子侄亲朋，有的就在杭州落地生根，和本地人结合专事书籍的插图雕刻，成为一支专业队伍。

容与堂本的《李卓吾先生批评琵琶记》为高明（则成）所创作，由由拳人赵璧创稿画出图样，画中有“由拳赵璧摹”字样，可知《琵琶记》系赵璧作画。名画师加上名刻工，这部书受到人们热捧是不奇怪的。

“容与堂六种曲”中的《李卓吾先生批评幽闺记》

明代杭州容与堂刊本《李卓吾先生批评玉合记》书影

一书，镌图精美。其他如《李卓吾先生批评红拂记》（黄应光、姜体学镌图）、《李卓吾先生批评玉合记》（黄应光镌图）等均有插图。

由于容与堂带头为小说、戏曲加上了精美的插图，这些插图本犹如插上了翅膀，飞入千家万户，起到了很好的效果，一时间各家书坊纷纷效仿，当时较为有名的小说戏曲插图本有：①钱塘钟人杰书肆所刻《四声猿》，有《渔阳意气》等插图，图为寓杭的歙人汪修画，刻工不详，意态绵远，镌印甚工，为万历四十二年（1614）刊本。②失名书坊刻汤显祖《牡丹亭还魂记》，刻工为歙县虬村寓杭名匠黄德新、黄德修、黄一楷、黄一凤（鸣岐）、黄瑞甫、黄翔甫等，插图精美，后之朱元镇本、槐塘九我本、冰丝馆本、暖红室本插图，均从此本出。③题武林张栩编、古歙黄君倩刻图、失名书坊所刊散曲集《彩笔情辞》，张栩序云："图画俱系名笔仿古，细摩词意，数日始成一幅，后觅良工，精密雕镂，神情绵邈，景物灿彰。”绘图者不知何人，雕工署名黄桂芳，经考据者谓亦是歙县虬村黄氏迁杭良工。④武林张师龄白雪斋所刊《白雪斋选订乐府吴骚合编》，有精美插图，图为武林项南洲（仲华）所绘，是为散曲集，张楚叔、张旭初选编，今有文物出版社影印本行世。《吴骚合编》共四集，初集刊于万历四十二年，又有二、三两集续编，后张楚叔与从弟张旭初在这初、二、三曲集中精加选择，去泛滥，补新声，成《吴骚合编》，前后共四卷，共收套数二百多篇、小令四十多首，插图为武林项南洲所绘，由安徽寓杭名工汪成甫、汪国良所刻，精美异常，白雪斋主人在凡例中说：“是刻计出相若干幅，技巧极工，较原本各自创画，以见心思之异。”此本插图二十二幅，工致秀丽，堪称无与伦比。张氏又有两行木记云：“虎林张府藏板，翻印千里必究。”这是为保版权而说。可是不久后，不到千里之外的吴郡（苏州）就有翻刻本行世，张师龄只能徒呼奈何！

彼时杭州书坊刻书精加插图成为一时风尚，也成为杭州刻书特色，举凡小说、戏曲均有出相（出像、绣像）插图，以招徕读者，除上述小说、戏曲外，还可以举出不少例子：

钱塘陆云龙峥霄馆与翠娱阁刻有《批评出像通俗演义禅真后史》《评定出像通俗演义魏忠贤小说斥奸书》；

杭州名山聚书肆刻有《剑啸阁批评秘本出像隋史演义》；

杭州全衙书肆刻有《新镌批评出像道俗演义禅真后史》；

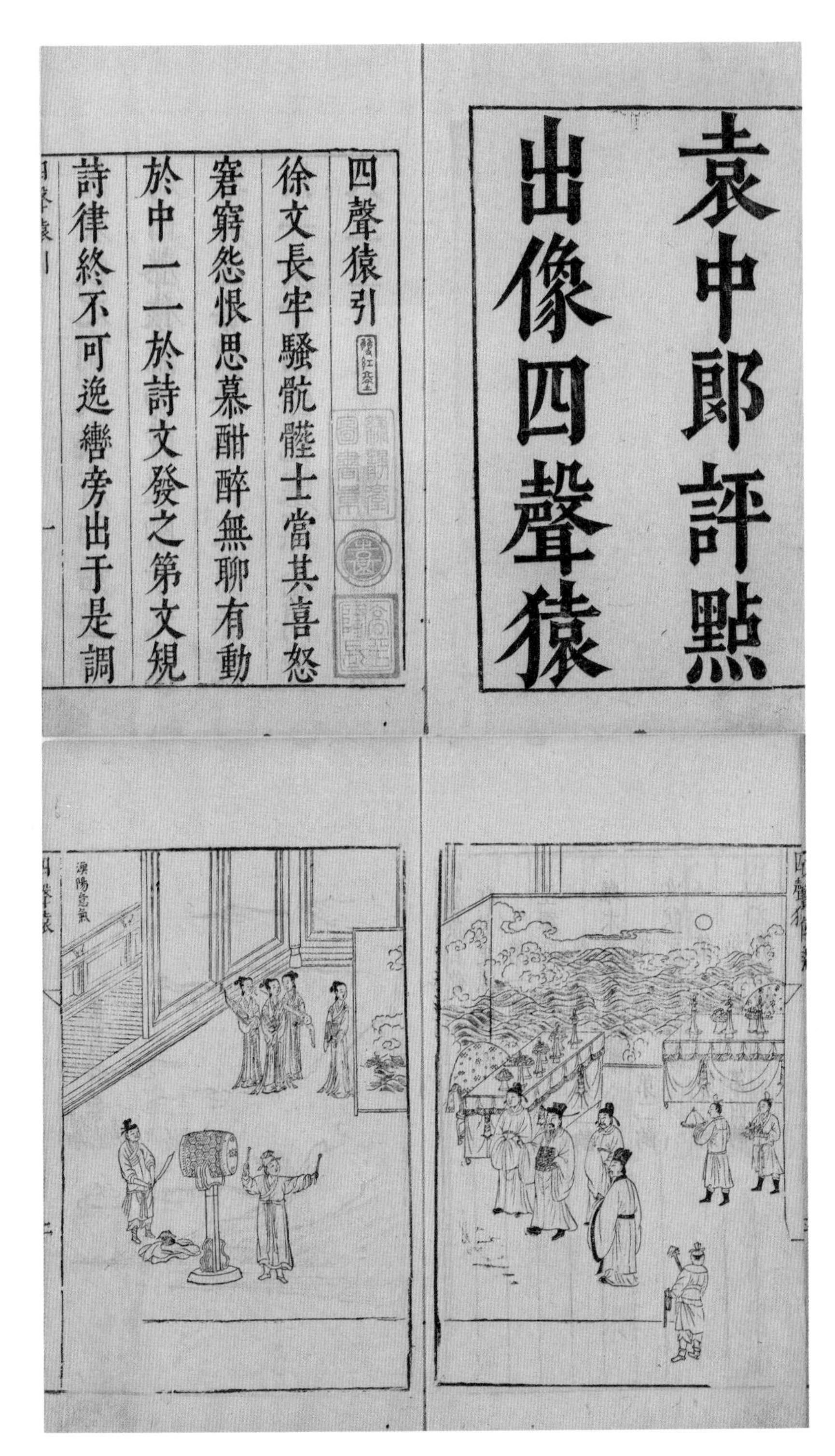

袁中郎評點
出像四聲猿

四聲猿引

徐文長牢騷骯髒士當其喜怒
窘窮怨恨思慕酣醉無聊有動
於中一一於詩文發之第文規
詩律終不可逸轡旁出于是調

明万历四十二年钟人杰刊本《袁中郎评点出像四声猿》书影

杭州起凤馆主人翻刻《南琵琶记》《北西厢记》，此书刊于万历末期，系翻刻万历中期玩虎轩本，看来杭州书坊老板也会玩盗版；

杭州丰乐桥三官巷李衙静常斋，刻有《月露音》，每曲均有插图，颇为精美。

……

还有一家书坊刻了以图为主的酒牌（叶子格）的游戏玩艺。所刻为《水浒叶子》，由名画家陈洪绶创稿，名刻工黄君倩刻图。

这种酒牌，框高 18 厘米，阔 9.4 厘米，崇祯间失名书坊刻。酒牌，又称酒仙牌、叶子格，为古代博戏用具，类似后世的骰子格、升官图之类。酒牌（叶子格）最初为饮宴时斗酒所用，例如明“酣酣斋酒牌”：《一文钱》有阮籍醉酒图，中为阮籍醉卧榻上，有一妇人手拿蜡烛立于其旁，门外妇人之夫窥视，有文字云：“阮籍邻家妇人有美色当垆。阮与王安丰常从饮酒。阮醉便眠其妇侧。其夫始疑之，密伺，终无他意。——坐中失色者罚一巨觞。”

这种酒牌以图为主，是书籍插图的延伸，反过来对书籍插图也产生了积极的影响。例如著名画家陈洪绶画的《水浒叶子》，对后来《水浒传》小说的插图就产生过积极的影响。

画谱与唐诗诗意图

自从容与堂等书坊刻梓小说、戏曲附有人物插图后，双桂堂书坊的老板坐不住了，眼看别人业务繁忙，自家也想分一杯羹，但小说、戏曲市场是插不进去了，他灵机一动，根据不同层次顾客的需要，有人喜欢读小说戏曲，就有人喜欢读唐诗宋词，当然也有人喜欢说古，对人物图像特别感兴趣，便利用当时刻板的力量，搞起画谱来。

武林双桂堂书坊的主人当时请到了顾炳出山创画稿，再请名工镌刻出版以图为主的画谱。

话说这顾炳也不是平常之人。他字黯然，号怀泉，杭州人，他曾学画于周之冕，后遍历名山，技艺日益精进。万历二十七年（1599）召授中秘，供奉内廷，得以纵览内府所藏书画真迹并得临副本，于是画艺日进，鉴赏力也日益提高。由顾炳创画稿，双桂堂书坊刊刻了《历代名公画谱》。《历代名公画谱》按时代先后，辑摹自东晋顾恺之始至明代王廷策等历代名家共一百零六人的画作。这部画谱既可欣赏历代画作，又可临摹学画，为时人所喜爱。

畫譜序
古之人萃巧力以呈神奇于[illegible]
若鼎彝尊罍之屬其出既久前
是者數千季其傳弥遠猶歷今
日而其出且傳者自匪銷鎔破除
莫可蹤跡即時而扃閟于泉壤又

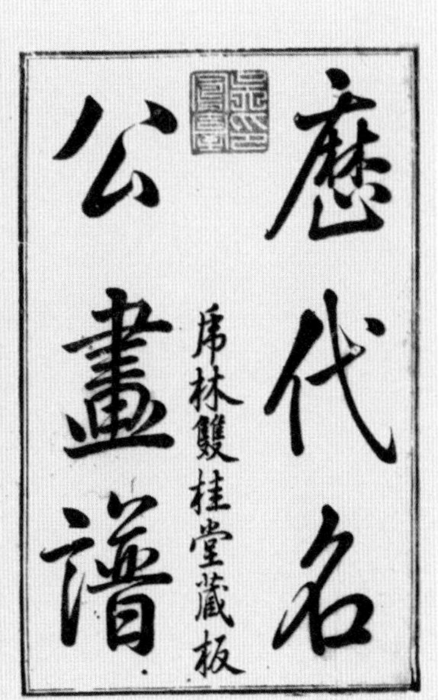

歷代名公畫譜
武林雙桂堂藏板

万历年间杭州双桂堂刊本《历代名公画谱》书影

当时有名的画谱还有《集雅斋画谱》等。《集雅斋画谱》共八种，其中《清绘斋画谱》两种，即《唐六如古今画谱》《张白云选名公画谱》，清绘斋主人姓金，名不详，后板片归歙人黄凤池。这两种画谱加上黄凤池自刻的六种，合称《集雅斋画谱》八种，别称《唐诗画谱》，有“杭城花市内黄凤池梓行”字样，故断为杭州所刻。此画谱为诗、书、画三者合一，有“诗诗锦绣，字字珠玑，画画神奇”之称。诗选唐人五言、六言、七言各五十首上下，据云书求名公董其昌、陈继儒挥毫，画请名家蔡冲寰、唐世贞染翰，版画出自名家刘次泉之手，既可阅读又可欣赏书法绘画，极受读者欢迎。

以上所述，仅言明代杭州书刊插图十之一二，于中概见明代杭州书市之繁荣。

径山刻经　耗时百年

元明时期，杭州刻过多部佛教巨帙《大藏经》，其中明代万历年间杭州径山紫柏禅师主持刊刻的《径山藏》是十分特殊的一部。一是刊刻的时间长达一百二十余年，历明清两朝，创造了一部经书刊刻时间最长的纪录；二是卷帙最为巨大，达一万余卷；三是在装帧上作了重大改进，改梵策本为方册本，既节约了工本，更便于阅读。这部《径山藏》在刻印过程中至少涉及山西、浙江、江苏三省多地域的协作，明清两朝中央和地方政府都未插手，体现了民间信徒精诚所至金石为开的态度和不屈不挠弘扬佛法的精神……

《大藏经》是汉文佛教经典的总称，简称《藏经》《一切经》。内容分经、律、论三藏，包括天竺和中国的佛教著述在内。佛教自东汉明帝永平十年（67）传入我国，由于历代帝王的崇信和提倡，经三国、两晋到南北朝四五百年间的传播，佛经的翻译和研究日渐发达，与传统儒家、道家学说并列而成一家，对中国的文化，诸如哲学、文学、艺术和民间风俗等都有极深的影响。

佛经的编纂和整理始自南北朝时期。据唐《开元释教录》所载，佛教典籍有一千〇七十六部、五千〇四十八卷。如此浩瀚的佛教典籍，单靠手抄笔录加以推广是难以想象的，甚至可以说是不可能的。但到了宋代，由于印刷术的发展，可以通过雕版印刷的办法，刻一次版印成几十部到百部是可以做到的，这就为《大藏经》的推广创造了条件。举个例子，北宋开宝四年（971），朝廷派高品、张从信前往益州监雕《大藏经》十三万版、五千〇四十八卷，世称《开宝藏》。刊印这样工程浩繁的佛经，在中国雕版印刷史上是个创举，客观上等于为益州培训了雕工，积累了印刷经验，使益州成为当时刻书的中心之一。同样的道理，杭州为全国的四大刻书中心之一，刻经为固有之传统，五代吴越王钱俶刻《陀罗尼经》八万四千卷；元代广福大师管主八又在西湖大万寿寺刻《河西字大藏经》三千六百二十卷，在大万寿寺又刻《大藏经》的秘密经、律论二十八函等；宋末元初余杭县南山瓶窑镇西的普宁寺僧众刊刻《普宁藏》，这一切都为余杭径山寺在明清间刊刻卷帙浩繁的《径山藏》积累了经验。

《径山藏》是中国《大藏经》刻印中最重要的一部。

一是卷帙浩瀚、规模最大。现在国内收藏比较完整的《径山藏》有两部：一为云南姚安德丰寺藏本（今藏云南省图书馆）；一为故宫博物院藏本。两部藏本数字有差异，云南省图书馆藏原姚安德丰寺本《径山藏》，分“正藏”“续藏”“又续藏”。比较可靠的数字是正藏二百一十函，一千六百五十四种，七千七百四十卷，一千四百六十册，按《千字文》编号，始“天”终“碣”。又有“续藏”“又续藏”九十函，收入藏内经典及藏外语录及杂著二百五十六种，一千六百〇四卷，包括经文注释、各宗派的著作、修持密法、人物传记、山志、寺志、高僧诗文集等，《径山藏》的“续藏”“又续藏”的这些

故宫博物院藏《径山藏》

内容为他本藏经所无，也是《径山藏》的特点。故宫博物院所藏正藏为二千一百三十七种，一万〇八百一十四卷；“续藏”二百五十二种，一千八百二十卷；“又续藏”二百十七种，一千一百九十五卷。以上数字不尽相同，清点时间不一，但可以肯定的是都在万卷以上。在中国二十部左右的《大藏经》中《径山藏》是卷帙最多的。

二是在诸藏经中刻印的持续时间最长，一般认为在明万历七年（1579）初刻于径山寂照庵，终刻于康熙四十六年（1707）嘉兴楞严寺般若堂，共历时一百二十八年。我看到过一个材料说是延及雍正年间，那就有一百四十多年的历史了。

三是以往《大藏经》的装帧都是梵筴本（经折装），而《径山藏》易梵筴为方册（线装），节省了大量的材料、人工。

总之，在众多《大藏经》的刻梓过程中，《径山藏》有其独特性，刻经时间特长，除了卷帙多以外，因系民间私刻，经费筹措不易，不得不时停时续，但终成正果。

真可首倡　憨山影随

《径山藏》刻梓的首倡人是紫柏尊者（1543—1603），法名真可，字达观，俗姓沈，江苏吴江人，也称紫柏尊者，为明末四大师之一。十七岁辞亲远游，欲立功塞上。行至苏州，宿虎丘云岩寺，闻寺僧诵八十八罗汉名号，即解腰缠十余金设斋供，从明觉出家，遂闭户读经。年二十，受具足戒。不久，至武塘景德闭关修行，专研经教，历时三年，后至匡山，深究法相宗。此后历北京法通寺从华严宗匠偏融学经，又从禅门老宿笑岩、暹理等参学。又至嵩山少林寺参谒大千常润，不久南还浙江嘉兴，时楞严寺为工部尚书吴鹏侵占，围入吴氏野乐园。真可依靠万历帝生母李太后及陆光祖等助重建楞严寺，争回寺址。其时密藏钦仰真可风范，特自普陀山往访，真可留之为侍者，命密藏主修楞严寺。

明真可紫柏大师像

万历二十年（1592），真可游房山云居寺，礼访隋代高僧静琬所刻石经，于雷音洞佛座下得舍利三枚，万历帝生母李太后曾请舍利入宫供养三日，并出帑金布施重藏石窟。万历二十八年（1600），真可因对南康知府吴宝秀拒不执行朝廷矿税令被系狱表示同情，前往营救被缧囚。万历三十一年（1603）圆寂于狱中，终年六十一岁。

真可在嘉兴修建楞严寺期间，先后结识了江浙名士袁黄（了凡）、陆光祖、冯梦祯、曾同亨、瞿冏卿等人，言谈之下，他们对真可正在募缘刻梓《大藏经》表示十分支持。这些名士都是博学之士，对佛学也深有钻研，虽然有的身居高位，但对真可十分敬重。真可谈起游历各地的经历，深感《大藏经》有重刊之必要，旧有《南藏》刊于洪武五年（1372），是明太祖于南京蒋山召集僧众校刊而成，但历经一二百年，版已漫漶，字迹不清，难以卒读。永乐八年（1410），朝廷在北京又刊《北藏》，版子稍好，但版藏禁中，请藏十分不易，故发愿于民间募化再刻一藏，拟在径山刻梓，嘉兴楞严寺他日可作请藏之地。众人听了无不鼓掌称善，纷纷慷慨解囊。

真可又言："初刻经处，已与径山住持商妥，拟定径山寂照庵。"径山为唐之法钦禅师结庐开山，南宋孝宗赐名兴圣万寿禅寺，为五山十刹之首。殿宇崇宏，甲于浙水。当其盛时，青豆之房，赤华之馆，弥山亘谷，什百不啻，殿自大雄正殿外，有灵泽、祖师、天王诸殿；阁有龙游、圆觉、千僧、妙相庄严、万佛、天开之阁；楼有五凤、奇树、寒翠之楼……其分派有一十六房，其别院静室有中峰南院、蓬径庵、喝石庵、妙喜庵、寂照庵、凌霄庵、伏虎庵、松隐庵、灵谷庵、千指庵、天泽庵、传衣庵、初阳庵、胜峰庵、悟石庵、妙明庵、安隐庵、妙香庵、清太庵等。寂照庵即诸庵之一，万历七年

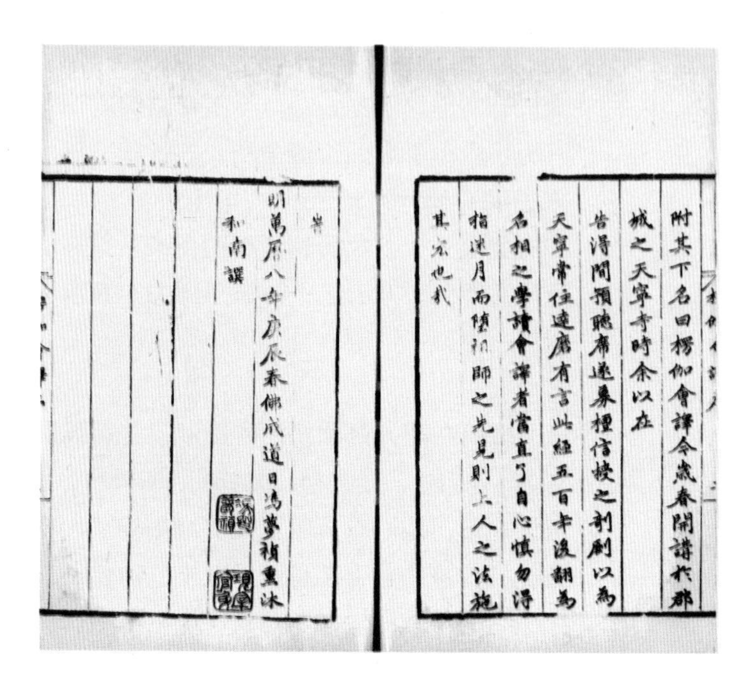

附其下名曰楞伽會譯今歲春開講於郡
城之天寧寺時余以在
告得聞預聽席遂募梓信樓之剞劂以為
天寧常住達磨有言此經五百年後翻為
名相之學讀會譯者當直了自心慎勿得
指迷月而隨祖師之光見則上人之法施
其宏也哉

明萬曆八年庚辰春佛成道日馮夢禎熏沐
和南譔

万历八年刻《楞伽阿跋多罗宝经会译》冯氏刻经序

即定此处为刻经之地。关于这一点，有冯梦祯于万历八年（1580）捐资刻成的故宫所藏《径山藏》之“续藏”第四十四函《楞伽阿跋多罗宝经会译》四卷前的冯氏刻经序，可证，并印证了《曹溪憨祖大师自著年谱》中万历三十一年（1603）末有其法嗣福徵的按语称：“紫柏倡缘时，陆太宰与冯司成梦桢、曾廷尉同亨、瞿冏卿汝稷鸠工于径山寂照。”可见《径山藏》最早刊刻地点是在径山寂照庵。

真可在径山寂照庵刻了六七年后，传来了李太后的一道旨意，以为五台山是佛教名山，又是憨山大师禅悟之地，极宜刻经，要真可将刊刻大藏经之地从径山寂照庵迁往五台山妙德庵。李太后是明神宗万历的生母，笃信佛教，是藏经的主要施主之一，在她的影响下，不仅朝廷官员，而且包括宫女、太监在内也布施刻经，少者数人合刻一卷，多者一人独立捐金连刻数经。由于有了太后的旨意，真可就从径山寂照庵迁往五台山续事刊刻。

但在五台山刻了三年多年，进度甚慢，关键是五台山苦寒，积雪期长，这些刻工匠人又都是从南方江浙一带招聘而去，不习惯北地生活，故而进度缓慢。兼之其地较贫瘠不易化缘，因此从万历十七年（1589）到二十年（1592）间，在五台山只刻了数百卷经。于是真可从万历二十一年（1593）又迁回径山寂照庵续事刻经，大体到崇祯四年（1631）的三十来年仍主要在寂照庵刻经。

在此阶段发生了一件大事，即在万历二十八年发生了南康知府吴宝秀拒不执行朝廷矿税令被捕一事，真可出于正义表示同情亦被下狱，他以为此事有关“国运隆替”，在狱中撰《戒贪暴说》。三年后，吴宝秀虽被救出，真可大师却圆寂于狱中。

真可大师首倡刻梓《径山藏》，憨山是积极的支持者。憨山（1546—1623），法名德清，字澄印，号憨山，俗姓蔡，安徽全椒人，明末四大师之一，他是真可刊印《径山藏》的积极支持者，并将自己的著作编入藏经内，丰富了《径山藏》的内容。真可因反矿税事被捕下狱，憨山受到牵连，三年后因大赦才得免灾患。万历四十五年（1617）正月，憨山曾往杭州云栖寺为袾宏作《莲池大师塔铭》，天启三年（1623）圆寂于曹溪南华寺。

憨山深通佛学，著有《观楞伽经记》八卷、《楞伽补遗》一卷、《华严经纲要》八十卷、《法华击节》一卷、《金刚经决疑》一卷、《圆觉经直解》二卷、《般若心经直说》一卷、《大乘起信论疏略》四卷、《大乘起信论直解》二卷、《性相道说》二卷、《肇论略注》六卷、《道德经解》（一名《老子解》）二卷、《观老庄影响说》一卷、《庄子内篇注》四卷、《大学中庸直解指》一卷、《春秋左氏心法》一卷、《梦游诗集》三卷、《曹溪通志》四卷、《八十八祖道影传赞》一卷、《憨山老人自叙年谱实录》

二卷等。憨山圆寂后，由门人福寿等对其著作进行辑刊，有《憨山老人梦游集》，他的这些著作都收入《径山藏》的“续藏”中。

《径山藏》历经一百余年终于刻成，尤其是在真可、憨山圆寂后，其事仍得以继续，终成正果，这与真可、憨山两位高僧的巨大影响有关。

真可圆寂　三徒继承

真可大师圆寂后，《径山藏》的刻梓没有停止。有三名高徒继承了他未竟的事业。这犹如体育竞赛场上的一场接力赛，密藏、法铠、幻予三人继续进行刻梓《径山藏》的事业，使之不致中断。

真可的三名高徒中，以密藏居首位。密藏，名道开，江西南昌人，原为士人，为真可的精神所感召，弃举业祝发为僧。他在南海拜师，接受剃度，终身追随真可。在真可为营救吴宝秀而赴京四处奔走之际，密藏紧随其后，不离不弃。吴宝秀获救后，真可仍然系狱囚禁。一日，真可对密藏言道：“我坚持正义，为营救吴宝秀而奋不顾身，今日锦衣卫虽已释放吴宝秀，但事仍未了却，我准备以身殉难，但有一事心愿未了，就是径山藏经的刻梓，由于各方施主的施舍，这部藏经按原设想先刻‘续藏’‘又续藏’，既已工程过半，想来事情终能成功。”真可圆寂后，密藏主持继续刻经。但工及半，密藏因病终未毕其事。《径山藏》又有“密藏板”之称，当为表彰密藏之功。

法铠，字忍之，号澹居，江苏江阴人，俗姓赵，为密藏师弟。年三十三，遇真可大师求剃度。真可圆寂后，法铠为完成师愿，遂往径山主持续刻。见藏经板处雾湿，遂募化城院为刻经、藏经板处。法铠圆寂后，由幻予续其事。

幻予，名法本，里居不详。曾向云谷、真可问学。真可大师发愿刻方册大藏，法本与道开同任其事。后圆寂，已是明清易代之际。

《径山藏》在刻梓过程中由于持续时间过长，主持人先后圆寂的有真可、憨山、密藏、法铠、幻予等大师及僧人，但时历百年，众僧陆续凋零，最后终其事的是贵州赤水的继庆和尚。继庆和尚是贵州赤水人，自小出家，云游四方，最终驻锡江南寺院。

继庆和尚和其他僧人在崇祯十五年（1642）至清顺治康熙年间，先后跑遍江南刻藏之地，核对已完成的经版，编制了径山、嘉兴、吴江、金坛等处已刻成者十之八九，未刻者十之一二的目录，认为短期内可以完成，于是上疏请旨，催请四方已刻之板同归径山，再请御制序冠之方册之首，未成者继续刊刻。此后大致的情况是：自明末至康熙十五年（1676）始完成“正藏”全部和“续藏”“又续藏”的部分刊刻任务。直到康熙四十六年才完成全部《径山藏》的刊刻，始大功告成。

真可大师发愿刊刻《径山藏》原来的预计是“十年竟事”，但实际上经历了一百二十余年的漫长时光，其间困难重重，幸得有几代僧人的努力，加之一大批俗家文化人和有心人的共同襄助，始得克成大业。

全部《径山藏》完成后，规定各地寺院需藏这部《径山藏》的，都要到嘉兴楞严寺接洽，举行请藏仪式。关于《径山藏》的发行情况由于史料的缺乏，很难说清楚，但知20世纪80年代云南姚安县发现并清理出了一部《径山藏》，藏在姚安德丰寺。这部《径山藏》是由姚安县进士陶珽、陶珙兄弟邀彻庸和尚云游吴越，由江南“请藏”到姚安的，在后来的三百年间这部藏经几经流转后藏于姚安县德丰寺，现珍藏于云南省图书馆。

多地刊刻备极艰辛

《径山藏》在多地刊刻，备极艰辛，主要刻地在径山，但许多寺院，尤其是江南寺院多参与刊刻，今列名如次：

径山寂照庵：万历七年—十三年（1579—1585）。

五台山妙德庵、妙喜庵：万历十七年—二十年（1589—1592）。

径山寂照庵：万历二十一年—崇祯四年（1593—1631）。

径山兴圣万寿寺：万历二十年—天启四年（1592—

径山万寿禅寺

1624）。

径山寺：万历二十一年—二十五年（1593—1597）。

休宁大寺华严堂：万历三十七年（1609）。

金沙东禅青莲社：万历四十年—天启七年（1612—1627）。

径山化城寺：万历四十年—天启七年（1612—1627）。

金沙顾龙山：天启间（1621—1627）。

吴江接待寺：天启四年—崇祯间（1624—1644）。

吴郡寒山化成庵：崇祯间（1628—1644）。

金坛紫柏庵：崇祯间（1628—1644）。

径山化成院：崇祯四年—顺治十二年（1631—1655）。

松江抱香庵宏法会：崇祯十六年（1643）。

虞山华严阁：崇祯十五年—十七年（1642—1644）。

径山古梅庵：顺治间（1644—1661）。

德藏寺藏经阁：顺治十三年（1656）。

嘉兴楞严寺般若堂：崇祯末年—康熙四十六年（1644—1707）。

以上为百余年来，《径山藏》的刊刻地点与大致时间。这部《径山藏》始刻于杭州径山寂照庵，终刻于嘉兴楞严寺，历时一百二十余年，终成正果。

奇书聊斋　杭州首刻

在中国古代文言笔记小说中，蒲松龄的《聊斋志异》无疑是最受人们欢迎的一种，堪称是中国文言笔记小说中的翘楚。《聊斋志异》是蒲松龄最重要的作品，生前没有刊印过，据说清初文学家王渔洋（即王士祯）曾经想以重金购买这部稿本，最终为蒲松龄所拒绝。

这部小说的第一部刊本是清乾隆时期的严州梅城青柯亭本，由时任严州知府、山东莱阳人赵起杲刊刻。一开始，杭州藏书家鲍廷博所起的作用是力荐和帮助校勘，并在财力上予以资助。及至事近功半之际，赵起杲英年早逝，鲍廷博才挺身而出，刻完全书。此书是《聊斋志异》最早、最完整的本子。据说现在世界上有二十多种语言的一百多个版本的译本，包括英文、日文、俄文、捷克文、匈牙利文、意大利文、挪威文、波兰文及世界语等，它们的母本即为杭州的青柯亭本。

清初的山东淄川（今称淄博）人蒲松龄撰著的文言笔记小说《聊斋志异》是一部奇书，在中国文学史上有很高的地位。鲁迅在《中国小说史略》中说：此书“描写委曲，叙次井然，用传奇法，而以志怪，变幻之状，如在目前；又或易调改弦，别叙畸人异行，出于幻域，顿入人间；偶述琐闻，亦多简洁，故读者耳目，为之一新。又相传渔洋山人（王士祯）激赏其书，欲市之而不得。故声名益振，竞相传抄。然终著者之世，竟未刻”。

人言《聊斋志异》于严州试院青柯亭初刻，故称青柯亭本，这只是这部分初刻的结果，其刊刻的全过程且听在下慢慢道来。

吴山片石居的一次雅聚

乾隆三十年（1765）正月，元宵节刚过了没几天，杭州清河坊上走着两位中年人，他们转入上吴山的环翠楼亭子且行且谈，一路朝有美堂的方向走去。

这有美堂颇有来历。北宋时，梅挚奉皇命到杭州来当知州，仁宗皇帝在其临行之际赠诗一首，开头两句就是“地有湖山美，东南第一州”，梅挚到任后感念皇恩，就在吴山之巅建了座有美堂，并请欧阳修写了篇《有美堂记》来纪念这件事。元祐年间，苏东坡在杭州担任知州，一次在此宴客，席间恰逢大雨，苏东坡作诗的兴致来了，提笔写了首《有美堂暴雨》，中有句曰：“天外黑风吹海立，浙东飞雨过江来。”满座皆鼓掌，连称清雄好诗。时异势迁，这有美堂在清朝时仅存遗址，惹人凭吊。但因地在吴山之巅，风光颇佳，如今有家片石居茶楼。名曰茶楼，实是一家酒肆，名人雅士多在此宴客，不过与山下清河坊的热闹相比，还是显得有些清静。

且说这沿环翠楼上山的两位也非俗士。那四十出头微胖的是鲍廷博先生，字以文，号渌饮，原籍安徽歙县长塘，世称长塘鲍氏。少习计会（经济），以冶坊为业，因他善于经济，家道殷实，且喜藏书，在乾嘉年间已是杭州著名的藏书家。

别的藏书家都是家传的，譬如父祖有多少藏书，子孙能守之，便为藏书世家。鲍廷博却与众不同，他是购书给父亲读，而渐成为藏书名家的。他的父亲名思诩，中年丧妻，只身来到杭州以排遣丧妻之痛。到了杭州后，喜爱西湖山水之胜，流连忘返，就购置房产在杭州长住，并娶了杭州人顾氏为继配，遂将老家的家业交付鲍廷博经营。鲍廷博是个孝子，感到这不是办法，好在自己精于计会，善于经营，就将有关事业托付可靠之人，自己也携妻儿来杭州侍奉老父。

鲍思诩经营矿冶起家，但性喜读书，常让廷博购取各种书籍供其阅读，久而久之，家中书册充栋盈屋。廷博是个纯孝之人，四方搜罗古今典籍供父阅览，一时名声颇著，爱书之名远播于外，以至近者如嘉兴、吴兴，远者大江南北均知其爱书之名，常有人将稀有珍贵的典籍送上门来，供其挑选。他又抄录了当时两浙藏书名楼的异籍，以增益藏书。有道是“无心插柳柳成荫”，鲍廷博无意中成了杭州远近闻名的一位藏书家，尤以鉴赏知名，当时江苏学者洪亮吉就称他为藏书家中的鉴赏家。

和鲍廷博同往片石居茶楼，看上去较鲍廷博年轻

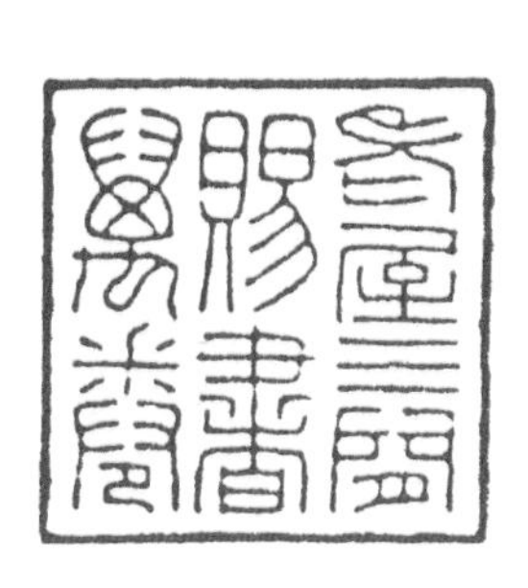

鲍廷博藏书章

四五岁的郁礼也非俗人。郁礼，字佩宣，号潜亭，家居钱塘东城骆驼桥。他倒是书香世家出身，唯醉心于读书藏书，进学中了秀才之后，无心在科举上觅取功名。自与廷博相识后，便十分羡慕廷博风致，称其“恂恂儒雅，尤与予暱，无三日不相顾，过必挟书以来，借书以去，虽寒暑风雨不为少间”。郁礼曾说过：廷博花时每招余信宿其中，香炉茗碗，婆娑终日，更深月上，两人徘徊花影树下，仿佛是苏东坡与张怀民的承天寺之游，何其快哉！

鲍廷博今日所请是山东莱阳的赵起杲，字清曜，号荷村，即将赴严州任知府，虽为官员，实是位雅士，并非俗吏，不喜热闹，此次有要事相商，需要清静之地可以谈话。他们今天要商量的是一件大事，就是康熙年间山东淄川蒲松龄先生的一部书稿的刻印之事。另一位请的先生是仁和人余集。余集，字蓉裳，号秋室，学问极好，擅长书画。早年有人发现了一部当年杭州陈起的书棚本《唐女郎鱼玄机诗》请余集先生鉴赏，他一眼看出这是一部宋本，连声叹赞好书，不待书主人请求，就拿起笔来在白页画了一幅女郎鱼玄机真容，顿时书价倍增。杭州当时的文人圈还传闻这样一条消息，有年余集先生在顺天府，批注曹雪芹《红楼梦》的畸笏叟曾有意请余集先生画幅颦儿（黛玉）小像，听说余集在京，畸笏叟就辗转托人邀余集作画，可辗转联系上时他已束装南归杭州，畸笏叟在《石头记》上连批两个叹字，叹息与颦儿无缘。

不一会儿，鲍、郁两位快到片石居茶肆门口了，还是郁礼眼尖，说：“以文兄，西面从府衙方向来的两位不是赵大人和蓉裳兄吗？”廷博一见果是，主动迎上前去，四人相见，同进片石居雅室，小二送上泡好的茶来。

赵起杲本是山东莱阳人氏，前两年任职杭州知府时，慕廷博之名，曾约请相见，出示一部书稿对廷博言道："这是敝乡蒲留仙先生的一部《聊斋志异》书稿，为蒲先生一生心血所萃，但一直没有刻梓过，渔洋先生读此稿而奇之，曾许以重金欲购之而不得。余得到一部抄稿，请人鉴赏以为半出原稿本，才下决心加以刻梓，以偿蒲先生著书夙愿。起杲守杭三年，处理俗务冗杂，节后即要赴任严州知府，但实欲在彼处校刊此书。幸得蓉裳先生愿假幕宾之名，为之校勘。刊印此书是起杲悬之于心的一件大事，万望以文先生助我。"

廷博听了连连拱手，谦让不迭，心中想道：赵起杲虽然是官府中人，实质还是一名雅士，毫无俗吏习气，今番诚心相商，理应有以助之。便诚心答道："公祖大人所嘱，当时廷博便牢记于心。我阅书不少，但像蒲留仙先生这样的奇书也是第一次见到，《聊斋志异》一书泄蒲先生孤愤，寄托良深，荷村先生决心为之刊布行世，我当尽心尽力帮衬成就美事。"今番吴山片石居之会，鲍廷博也有一片私心，他知晓赵起杲为官清正，囊中羞涩，原以为他在宴席上会提请自己资助刊书银两，然而却一字未提，不由得生出一点敬意，也不便多说，只是心中暗思一定要助赵起杲成其美事。赵起杲表示到严州赴任后，会在政务之余与余集商酌，一定要将《聊斋志异》这部异书、奇书刊印出版。席间，廷博只是感到赵起杲比起三四月前在杭州府衙初见时略见清瘦，两颧微红，以为是喝了两杯酒的缘故，当下并未在意。看着时间不早了，游客纷纷下山，四人也各自告辞，互道珍重。廷博怎么也没想到这是他与赵起杲的最后一次相见，刊刻《聊斋志异》的重任最终要落在自己的身上了。

严杭道上　书信不绝

自从赵起杲在乾隆三十年赴任严州知府起，这严杭道上三百里间就多了几名信使往来。那时严州府驻地在今建德梅城镇，赵起杲到任后，政通人和，不劳他花费太多的精力治事，平日几件简单的公事处理完毕后，常与余集在一起质难问疑，校勘《聊斋志异》，哪怕是一字之得失，两人也要商酌半日。赵起杲有个习惯，常将这些记录下来，待有公差去杭州府就封好《聊斋志异》一书校勘中的疑义，着人专送鲍家请教。廷博或即时作复，或查勘善本以复，习以为常。及书准备开雕之日，起杲在托杭州中河丰乐桥书坊陈姓老板带回的信中提起，严州试院有青柯一亭，其亭植有传为明代金银桂花各一，他日刊本即称“青柯亭本”，何如？廷博阅信即拊掌称善。后来廷博在《青本刻聊斋志异》纪事一文中有这样一段回忆：

> 严陵距杭三百里，借书之伻尝不绝于道。《志异》之刻，余君蓉裳在幕中商榷为多。比蓉裳计偕北上，偶一字之疑，亦走疑俾于参定焉。今手书满箧，触目凄然，辄有山阳夜笛之感。

出师未捷　起杲遽逝

这端的是怎么回事？原来，《聊斋志异》一书刚开雕不久，赵起杲即与世长辞，怎不使人泪湿衣襟！此事于吴山片石居相聚之时已经商酌妥然，书经多次研讨终于定稿后，赵起杲决定即刻在严州开版。

这年童子试（考试入学，录取者便是秀才）日期到了，赵起杲事先派衙役差人洒扫试院。试院离府衙仅半里之遥，平日扃闭甚严，只有举行童试才开门考试。那天一早，衙役刚一打开重门，就见一位身着四品文官补服之人，端立庭院拱手相迎。试院的门明明是锁着的，怎的里面有如此身穿官服之人？众衙役吓得惊仆到地，说来也怪，那人也旋即消失得无踪无影。众人虽是惊疑，还以为是个吉兆，今年府学考试，将来或出大富大贵之人。

到得次日，赵起杲早起前往试院主持考试，那天早晨他饮食如常，言笑晏晏，与同僚主持考试，他们在试院进屋命题等一切如常，待命题毕，命打开试院，应试童生鱼贯入场进入考房，又命人关闭试院，待时而启，到了试毕，众生退场，各房试卷纷纷呈上。此时赵起杲还是满面含笑，拿起一份试卷细细翻阅起来，突然有人听到府台大人一声“哎呀”，只见赵起杲已然倒地。众人急忙扶起，有的拍背，有的掐人中，仔细一看，赵起杲已是气绝而亡，只见他脸色如常一般，只是两颧微红。赵起杲为人敦厚，他的去世，惹得府衙中人一片唏嘘，十分痛惜。

过后不久，梅城街上传出种种消息。有人说，赵起杲在逝前一日，除了督促衙役整理打扫试场外，其余时间在一家家拜访府僚，问长问短，还问起他们孩子和种种细屑之事，现在想起来好像事有前知，和同僚们一一话别一般。公库里尚有公款千金，是应拨交所属各县而没有移交的，皆一一指划交代明白，桐庐该拨付多少，淳安该拨付多少，指令专人交割清楚。众人以为赵老爷是得到消息，要调任他省，但谁也不敢多言，悉依吩咐，遵命而为。谁知他是在交代后事。

赵起杲在试院暴亡后，举家惶惶，手足无措，在这时又出了一件大事。赵起杲侍妾陈氏原是家乡莱阳农家之女，原是赵家服侍丫头，因慕赵家是积德之家，赵老爷为人良善，赵起杲调任杭州时就随任服侍，细心照料起居。谁知赵起杲暴卒，一时想不开竟在房中投缳而亡。待到家人发现时，已无从施救，真所谓是福无双至，祸不单行，屋漏偏逢连遭雨。赵起杲之弟赵皋亭只是急得跳脚，连说：“如何是好，如何是好！”但此时赵起杲的亲属只其一人，赵皋亭只得收起悲伤，一一料理。原想扶柩回乡择地安葬，盘算一番，赵起杲素来为官清廉，本无余财，加上为开工刊刻青柯亭本《聊斋志异》，工匠到后，一并开支骤紧，尤其是要结算梨枣木板、订购纸张，拨付工钱，清俸所得已有亏欠，甚至要让侍妾陈氏典质头面首饰以应一时之需。

在百般无奈的情况下，赵皋亭只得作主，将赵起杲灵柩暂厝葬于澄清门外，侍妾陈氏则在旁边垒了一个小坟。究竟如何善后，只待回乡禀明父母再作决定。

廷博接手　续刊《聊斋》

赵起杲是在乾隆三十一年丙戌（1766）五月十八日暴卒于严州试院的，其时天气已热，不能耽搁，赵皋亭草草将兄长与陈氏安葬好后，嘱咐工匠暂停刊刻《聊斋志异》，一切待其与鲍先生商讨后，听鲍先生吩咐，然后急急整理行装准备回乡禀明父母。

这一日，赵皋亭来到杭州鲍家，自有家人前去通禀，廷博连唤“快请，快请”，两人就在书房中叙起话来。

赵皋亭先是拿起两份赵起杲手稿，一份是《青本刻聊斋志异例言》，一份是赵起杲所撰刻书《弁言》，一并交与廷博说：“这实是家兄遗言，此书是刻是停，决于先生一言。”

廷博言道：“此书定然要刻，不然对不起令兄。荷村先生已故，续其事继其志者自有我鲍廷博担当。”皋亭遂将赵起杲逝世的前后情况一一陈明，廷博边听边流泪叹息。后来皋亭说到自己五月初一那天做了一个奇怪的梦："那天午睡，我入梦境，来到一处，所历之处路过厅堂房舍，皆非旧游之地，十分陌生。突然之间觉得自己魂已离舍，自己木立尸前，觉得自己已经离魂死去，心亦无所挂念。只是觉得兄长嘱咐要我时时关照《聊斋志异》一书的刻梓，此事未竟，终是系念于怀，有负兄长嘱托，思之凄然，悲从中来，不觉一恸而醒。这个梦是如此奇怪。第二日我将此梦告诉了家兄，其时他正在握管作序，听了以后，默然良久，似深为我的梦境感动。十八日那天我正在府署料理刻书账目，突然家兄凶讯来报，我即奔赴试院抚尸痛哭，俯仰之间，与梦境悉悉相符。这梦境及家兄之逝和神秘人的出现简直与蒲翁所著书的一般，至今不解。难道是上天示警，预告兄有凶险？"

移师杭州 《聊斋》续刊

廷博与皋亭长谈之后，得悉一切因由，指着起枭所撰《弁言》说道："刊刻此书是令兄夙愿，他既已归道山，阁下不必过度悲伤。为今之计，你我是要继承令兄所望，将此书刻印出来，留传后世。"廷博指着赵起枭《弁言》遗稿的文字"此书之成，出资襄事者，鲍子以文；校雠更正者，则余君蓉裳、郁君佩先暨予弟皋亭也"说："此段文字成于端午前二日，似可作遗言看待，回忆昔日荷村先生初任杭州知府，蒙他不弃，视作同声连气之友，曾来舍下长谈，并出示所藏书稿。我一见大喜过望，即表示我可出资助刻，荷村先生满意而去。此次刊书也是我考虑不周，未事先备妥银两，以致刊书之初，令兄以'清俸不足，典质以继之'，皆吾之过也，至今思之，犹痛心不已。《聊斋志异》一书的刻印当遵荷村先生遗愿，费用我将一力承担，以不负荷村兄于泉下。皋亭兄此番回乡，顺向伯父母问安。《聊斋志异》一书已厘为十二卷，四卷初成，校雠事繁，蓉裳兄现在北地，我当修书促其早归。君此番回莱阳亦望早日处理好家事，期望早日回杭。

我与郁君佩先俱在杭州，可以全力以赴。为今之计，刻书地宜改杭州，各方便利，但此书名‘青柯亭本’决然不变。兄意若何？”皋亭听了，自是一口答应。廷博遂命账房取出三百两银子以作川资，实为赵起杲安家之用。皋亭千恩万谢去了。

次日，廷博缓步来到杭城中河丰乐桥之北的油局桥，刻梓《聊斋志异》的陈氏书铺正开在这里。书铺陈老板见廷博来了，立即迎进，上了茶叙话。

廷博开言道：“严州这本《聊斋志异》的刊刻因赵大人新故而暂时停顿，我已决定将此书移杭续刻，工价银两不变，一仍其旧。这油局桥南面的丰乐桥是中河东西向的一座大桥，我翻阅临安三志，书上曾言该地有大树下桔园亭文籍书房，有人以此地为宋时的书坊荟萃之所，是杭州书市所在，陈兄之书铺在此亦足以继承先世而扬名后代。”

陈老板听了唯唯称是。他听了赵起杲的事迹，心下也颇为感动，想自己继承祖业在油局桥设肆售书、刻书，也难得遇上这样的主顾，遂对鲍廷博言道：“多承鲍先生照顾小店，鲍先生如此急公好义，又照顾小店营生，小店定将此书刻好。”

廷博点点头说：“既然如此，我与你约定：一是此书现已在严州刊好四卷，其余八卷需在今年年内刻竣，你要安排好人事，所有刊板、写板师傅可即行回杭。赵老爷故世，此书不能放在那里刻了，但书仍称《青柯亭本聊斋志异》，这也是对赵老爷的一点怀念，使他可泉下安心。二是严州青柯亭刻书资费你单独列账目，不足部分明日可到我府上支取，并预支后八卷的费用，还望抓紧刊刻，尽量在年内完成。再是按照惯例，你要刻上‘杭州油局桥陈氏’书牌，这与你营生有关，但每卷尾后不必尽刻，以使青柯亭本更醒目些。”

陈老板听了连连点头道：“一切遵照鲍先生的意见办就是。”

廷博回到家中，径直进入内室向父亲禀明一切。鲍父思诩年届古稀，但仍然精力旺盛，正拿着一卷书在看。廷博将事情经过一一禀明，并说：“前年赵老爷移官杭州知府，想是听到我的一点微名，到任不久即托人相约见面，并从包袱里拿出《聊斋志异》抄本，我粗粗翻阅，确是一部奇书，就建议他刻梓，他说亦有此意，只是宦囊羞涩，我不待他说完就一口应承，费用不足部分，一总由我承担。原以为赵老爷如此说乃有谦逊之意，谁知赵老爷为官清廉，所蓄果然无多。此次赴任严州，书甫开雕，竟至典质内眷头面首饰，想来甚是悲怆，儿子岂不有负赵老爷了！如今我接手续刻，已作如此如此安排，特来禀明父亲。”

鲍思诩听了儿子这番话，也连连叹息道：“你去办就是。我知你一片孝心，刊刻此书或为让我有生之年睹此奇书。”说毕也叹息不已。

殚精竭虑　《聊斋》成书

乾隆三十一年丙戌十一月，青柯亭本《聊斋志异》的刻梓已进入收尾阶段，这半年来鲍廷博将主要精力放在刻梓此书上，现在正文均已刻就，就叮嘱郁礼和赵皋亭仔细反复校订多次，自己则拿来赵起杲的《弁言》和《青本刻聊斋志异例言》细细推详。当读到《题辞》，是渔洋山人王士祯所题：

姑妄言之妄听之，豆棚瓜架雨如丝。
料应厌作人间语，爱听秋坟鬼唱诗。

此诗据别本首句应是“姑妄言之姑听之”，末句应为“爱听秋坟鬼唱时”，赵起杲青本为“姑妄言之妄听之”“爱听秋坟鬼唱诗”，想起蒲松龄的和诗《次韵答王司寇阮亭先生见赠》：“志异书成共笑之，布袍萧索鬓如丝。十年颇得黄州意，冷雨寒灯夜话时。”末句“诗”字应是“时”字笔误，本拟改动，想想赵起杲或有所本也就不去改动了。赵起杲的《青本刻聊斋志异例言》十则亦全文照录，以存书事史迹。

余蓉裳先生为青本《聊斋志异》撰写序言乃从赵起杲生前所请，蓉裳于乾隆乙酉三十年早已撰就，自是置于卷首，卷中所言蒲松龄“以气节自矜，落落不偶，卒困于经生以终”故而“平生奇气，无所宣泄，悉寄之于书”等语，实中蒲松龄之心志，确是一篇佳序。赵起杲生前曾对此序十分推许，以为余之序，实可传蒲先生之精神。

廷博在青本即将杀青时又对余集言道：“此本拟收录题辞，君撰诗数章若何？”余集谦称不解诗，但还是送来短诗六章：

严陵云树总苍茫，江水无言送夕阳。
冉冉羁魂招不得，空留遗册哭中郎。

这是末章，寄托了余集的无穷哀思。

廷博也援笔写了一首古风，以“君不见，神禹铸鼎表夏德，能使神奸民不惑”开头，结尾是“呜呼！谁似严陵太守贤，奇书不惜万人传。莫惊纸价无端贵，曾费渔洋十万钱”！

淄川蒲留仙著

聊齋志異

青柯亭開彫

鲍廷博刊印青柯亭本《聊斋志异》书影

青柯亭本《聊斋志异》终于在乾隆三十一年刊成，冬至的前一天，廷博特地请油局桥书坊的陈老板先精心函装了一册，然后偕余集、郁礼、赵皋亭三人携书经富阳、桐庐舟车相继来到严州府治所在地梅城，凭吊赵起杲。后任知府得知此事，也指令师爷敬备香烛、四色祭果，陪同他们来到澄清门外赵起杲和侍妾陈氏的墓地，点好香烛祭奠。众人行了礼，余集目含悲泪对着赵起杲的墓言道："公尝戏谓予曰：'此役告成，为生平第一快事。将饰以牙签，封以玉盒，百年之后，殉吾地下，倘幽窾有知亦足以破岑寂。'岂知赵兄一语成谶。今与以文仁兄遵富春，涉桐江，支筇挟册，登严陵之台，招先生羁魂焚而告之。吾见南山之巅，白云溶溶，凝而不流，如来照见，其必先生也哉！其必先生也哉！"言毕失声，众人也是泪流满面。

浙江书局　往事堪忆

清咸丰十年和十一年（1860—1861）太平军两度进入杭州，又两度被清军击退，受战火影响，杭州文庙（孔子庙）毁书焚籍，著名的文澜阁倾圮，所贮《四库全书》毁散，甚至沦为包裹食物的包装纸。私人藏书也多化为云烟，读书人死于战乱的也不在少数。战事过后，“书荒”来了……

清同治三年（1864），太平军退出杭州，战争结束后的杭州，秩序转向正常。书院、学校的残毁可以维修，教师可以聘请，唯一缺少的便是书籍，杭州自南宋绍兴以来再度出现了重大的“书荒”。为了解决学子“嗷嗷待哺”的局面，浙江和杭州的地方当局联络文化人士，很快办起了浙江书局，以解决“书荒”困境。

这是杭州历史上第一个官办的具有现代意义的出版机构。

我国历代刻书，分官刻、私刻、坊刻三种形式，南宋时国子监主要是管理机构，统筹管理全国的刻书事业，严格意义上它不具有类似现在出版社的功能，那时无论中央政府还是地方政府刻书，都称官刻。以杭州而论，无论是省级的两浙西路的转运使公使库等机构还是临安府及所属机构都可刻书并允许余书进入市场发售，这个情况宋、元、明、清历朝都是如此，直到晚清同治年间才出现了真正现代意义上的出版社，专事刻书印书以供社会需要，这就是同治六年（1867）创办的浙江书局，也叫浙江官书局。

杭州的书快烧光了

浙江书局的出现和太平军入杭大有关系。太平军在咸丰十年和十一年两度攻入杭州。杭州久有佛国之称，老年人认为不会有刀兵之灾，这时却不灵了。咸丰十年，太平军攻打杭州是出于战略上的考虑，是为解天京（南京）之围，达到了目的，就主动撤退了，并未造成太大的损失。但第二次不同了，从咸丰十一年冬攻入杭州到同治三年二月二十四日左宗棠收复杭州，太平军驻杭历时两年多，而这两年多的战争，对文教方面影响尤巨，特别是书籍毁失最为严重。

杭州是个历史悠久的文化城市，也是一个书香满城的城市，经过这场战争的蹂躏，杭州的文教设施遭到了极大的破坏。举例来说，杭州府学及仁和、钱塘县学，杭州有名的四大书院紫阳书院、崇文书院、敷文书院（由万松书院改名而来）、诂经精舍，或被烧毁，或受到重创，书籍无存，著名的文澜阁《四库全书》也是阁圮书散。杭州的私人藏书，在清代发展到鼎盛的局面，经此一役，大多书毁人散。杭州这个文物之邦再次出现了严重的“书荒”，出现了“先生无书可教，学生无书可读”的局面。浙江书局就是在这样的大背景下建立起来的，是为了解决“书荒”的问题而建立的。

当务之急是设局刊书

太平军退出杭州城后，要恢复千疮百孔的杭州并非一件易事，不仅杭州，整个江南都是如此。明代南京、苏州、杭州加上北京有全国四大书籍流通市场之称，这个优势在当时的杭州早已不复存在，整个杭城难觅书册。曾国藩是比较有眼光的封疆大吏，看到了恢复文教的重要性。他在咸丰十一年八月克复安庆以后，千头万绪，部署粗定，就命莫友芝（1811—1871）采访遗书，待到克复南京，就于冶成山筹备江南书局准备印书事宜。这在况周颐的《蕙风簃二笔》中有明确的记载。杭州的情况要迟一些，同治三年收复杭州后，政府委派丁丙这位热心公益、关心杭州文化建设的士绅，整治被破坏得千孔百疮的西湖，同时大力重建和整顿被烧毁破坏得十分严重的府学、县学及敷文、紫阳、诂经精舍等书院，准备重新开学。这时一个十分现实的问题出现了，因为书籍毁损得十分严重，书院修复了，学生却无书可读，唯一的办法是设局刻书，解决书荒。

关于浙江书局的设局年份，有三种说法：同治三年、同治四年（1865）和同治六年。以同治六年为准确，理由是张静庐《中国近代出版史料》二编所附《出版大事年表（1862—1918）》系于同治六年（1867）之下，另民国《杭州府志》卷一九《公署二》亦明确的记载：

> 书局。同治六年巡抚马新贻奏设。初在小营巷报恩寺，后移中正巷三忠祠，以报恩寺为官书坊。光绪八年度版片于祠中。提调盛康于祠侧听园添筑屋宇以居校刊之士。

另外，与浙江书局关系甚深的丁申在所著《武林藏书录》中进一步说明：

> 杭州庚辛（指咸丰十年庚申，十一年辛酉，太平军二次攻入杭州）劫后，经籍荡然。同治六年，抚浙使者马端敏公，加意文学，聘薛慰农观察时雨、孙琴西太仆衣言，首刊经史，兼及子集。奏开书局于篁庵，并处校士于听园，派提调以监之。

再从浙江巡抚马新贻向同治皇帝的一道奏报中可看出其已应布政使杨昌濬、按察使王凯泰之请进言，“欲兴文教，必先讲求实学，不但整顿书院，并需广集群书”。而浙江杭州的实际情况是自遭兵燹以后，府学尊经阁、文澜阁所存书籍均多毁失，士大夫家藏旧本，连年转徙亦成乌有。省城书院学校只有左宗棠命刊的《四书五经》读本一部，学校出现了无书可读的尴尬局面，故而提出在省城设书局重行刊行经史子集，以应急需、振兴文教。对此浙省已设局印书，以应急需，马新贻并提出为节省经费和使寒士能有力购置，建议采用小版式并将每页行数增多，“以期流传较易，庶几家有其书，有裨诵习”。而这个时间节点也是同治六年，开局印书的日期为同治六年四月二十六日。

一个高水平人员组成的编辑部

浙江书局主要负责人是丁申所说的薛慰农观察时雨和孙琴西太仆衣言。即首任总办、襄办为丁丙，另有提调一人、司事二人、总校四人、分校八人、缮录二十人、刻匠一百十人、印工二十人，这样包括印刷工场在内，一个具有近代意义的出版社便在杭州出现了。总编辑，总校、分校领导班子和工作班子都齐了。

首任总办（总编辑）是薛时雨、孙衣言。他们都是德高望重的学者、教育家。薛时雨（1818—1885），字慰农，安徽全椒人。咸丰三年（1853）进士，当过杭州知府，同治三年丁丙将抢救出来的文澜阁《四库全书》从上海运回杭州，请求暂贮府学尊经阁保管，他立马同意，并创造条件妥为保存。后来不当官了，就应聘到新修复的杭州崇文书院去任主讲，大力振兴文教。杭人感念他的恩德，在西湖筑了个薛庐供他休憩，以志不忘。薛时雨离开杭州时什么都没拿，就用了薛庐两字作为自己的号。

孙衣言（1814—1894），字琴西，浙江瑞安人，著名学者，曾官太仆寺卿，在学界有很高的声望，时掌教杭州紫阳书院。

继任的总编辑是著名学者俞樾。俞樾（1821—1907），字荫甫，号曲园，浙江德清人。道光三十年（1850）进士，历任编修、河南学政，曾掌教诂经精舍三十余年，兼任浙江书局总办。俞樾在学界有很高的声望，他在学术上经、史、小学无不精研，著述宏富，为著名学者。章太炎曾评及俞樾、黄以周等“研精故训而不支，博考

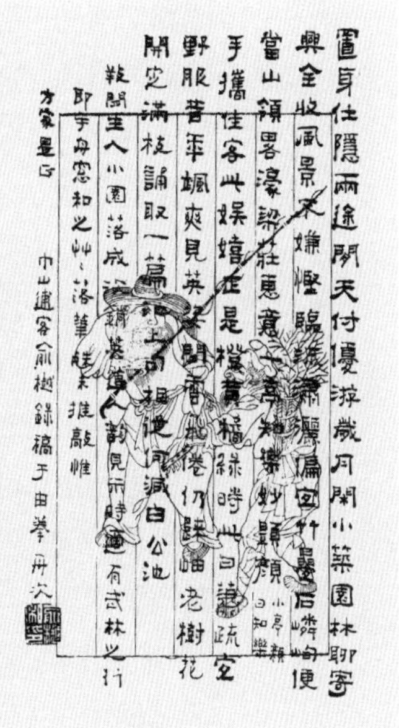

俞樾像及手迹

事实而不乱，文理察密，发前修所未见，每下一义，泰山不移”，而他们一位是总办，一位是总校，决定了浙江书局出书的质量。俞樾主持刊印《二十二子》，为浙江书局刊书中最有名的一部。

浙江书局还集中了一批专家学者如谭献、李慈铭、王治寿、杨文莹、张鸣珂、张大昌等担任编校，使所刊之书在质量上有了保证。

浙局刊书精品迭出

浙江书局在全国所建立的官书局中不是最早的，也不是最大的，但却是印书最精、最好的书局，这一点也是学界公认的。太平军曾一度占领江南数省，战争造成了大量的书籍被烧被毁，以致出现了严重书荒。战后有识之士纷纷建立公办书局以改变这种状况，如曾国藩于同治三年在南京创办金陵书局，延聘学者校勘经籍，其后江南各省纷纷仿效，有杭州于同治六年创办的浙江书局，苏州于同治八年（1869）创办的江苏书局，扬州于同治八年创办的淮南书局，武昌于同治七年（1868）创办的湖北书局等。此外，还有一些省份创办书局，但主要是这五处，人们通常称为晚清创办的五大官书局。

在这五大官书局中，浙江书局的编校力量最为雄厚，有著名的清末四大藏书楼丁丙的八千卷楼和陆心源的皕宋楼作为后盾，书源丰富，所以很快于光绪年间在俞樾任总办（总编辑）时在全国一路领先，赢得了很大声誉。这主要归功于《二十二子》的出版。《二十二子》是先秦到魏晋间二十二部子书的合集，包括《老子》《庄子》《管子》《列子》《墨子》《荀子》《尸子》《孙子》《孔子集语》《晏子春秋》《吕氏春秋》《贾谊新书》《春秋繁露》《文子续义》《扬子法言》《黄帝内经》《竹

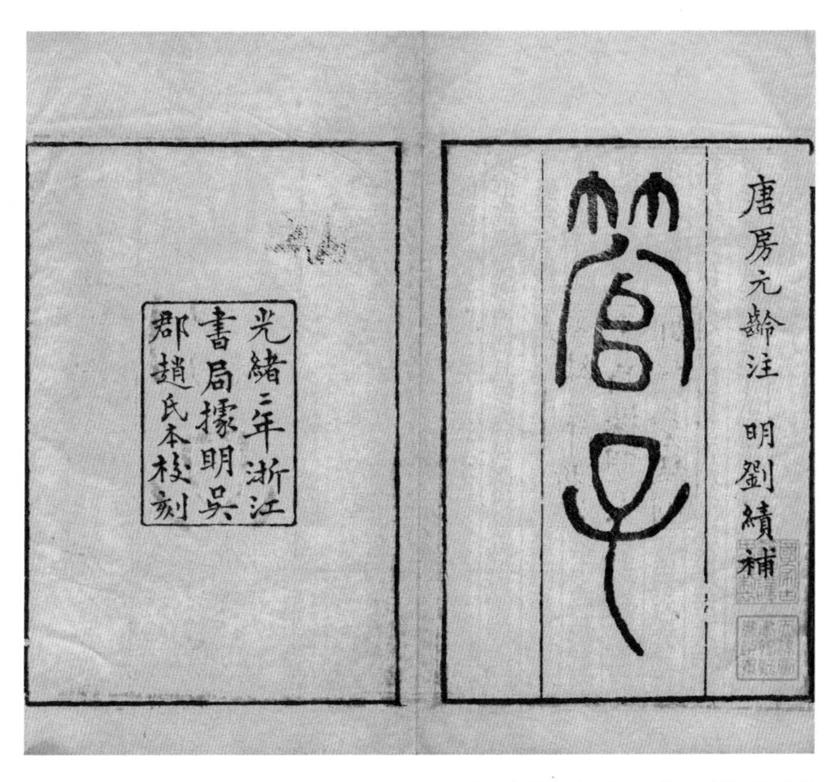
光緒二年浙江書局據明吳郡趙氏本校刻

管子

唐房元齡注 明劉績補

光绪二年（1876）浙江书局刻《二十二子》之《管子》书影

书纪年》《商君书》《韩非子》《淮南子》《文中子》《山海经》等，合称《二十二子》。

光绪初年，浙江书局从坊间购得一部《十子全书》，准备以此本为底本校刻，俞樾时在苏州，他还兼任苏州紫阳书院的教职，听闻此事，就给浙江巡抚杨昌濬写了封信，直言不可，因为这部《十子全书》不是佳刻。浙江书局采纳了他的建议，采用明世德堂精刻本，但仍择善而从之。例如《荀子》一书就用丁丙八千卷楼善本，《墨子》用的则是毕沅的校本，其时孙贻让的《墨子间诂》尚未出书，以毕本为佳，就采用了毕沅的校本，这就是他说的“不精固不足言善本”的意思。上海古籍出版社1986 年重印浙局本《二十二子》的说明中也指出：浙江书局的《二十二子》“注重吸收历代学者，尤其是清代诸家整理和研究诸子书的成果，汇编了历代刊本中较有代表性的精校、精注本。有些子书还附录了有关参考资料，选目精当，刻印尤善，在这一时期所出版的诸子书汇刻本中，堪称上乘之作”。

俞樾主持浙江书局时因“二十四史”卷帙过巨，从当时实际情况而论，非一局之力所能刊刻，于是提出由四省五局合刻“二十四史”。此议甫一提出，就得到各局响应，各方大力支持，清廷亦批准了这个计划。浙江承担了《新唐书》《宋史》的刻印任务。浙江书局刻《新唐书》的时间是同治十二年（1873），共刻一千九百三十三片、3553页，用的是甲种梨板刻梓；《宋史》刻于光绪元年（1875），共刻四千五百五十四片、八千四百六十四页，用的也是甲种梨板。于此可见浙局对分工刻梓的这两部史书的高度重视。

浙江书局还刻有一部《苏文忠公诗编注集成》，是一部大开本的书籍。浙局成立之始，浙江巡抚马新贻鉴于当时的实际情况，从大乱之后经费困难的角度出发，提出“一切经费在厘捐下酌量撙节使用”，“再，从前钦定诸经卷帙阔大，刷印之价浩烦，寒士艰于购取，臣此次刊刻略将版式缩小，行数增多，以期流传较易，庶几家有其书，有裨诵习”。这个想法为解决书荒问题无疑是正确的，浙局也一直是这样做的。

到光绪十四年（1888）刻《苏文忠公诗编注集成》时，有人提出苏公两度为官杭州，惠民甚多，关心民间疾苦，尤其他的西湖诗脍炙人口，筑苏堤对保护西湖不致湮塞之功绩尤大，如今印苏公的诗集版式能否宽大些。此议一出，得到了众人一致赞同，故这部《苏文忠公诗编注集成》是一部大开本。据现存书所见为29.4厘米 ×17.1厘米，半框为19.8厘米 ×14.8厘米。板片是甲种梨板，

蘇文忠公詩編註集成總案卷一

仁和王文誥見大甫譔　男霖圻覆較

誥案公姓蘇氏諱軾字子瞻一字和仲世家眉山其先葢趙郡欒城人也蘇老泉先生全集蘇氏族譜云蘇氏之先出於高陽至周有忿生爲司寇能平刑以敎百姓周公稱之葢書所謂司寇蘇公也封於河世世仕周家於其封故河南河內皆有蘇氏漢興高祖徙天下豪傑以實關中而蘇氏遷焉其後曰建武帝時爲將以擊匈奴封平陵侯建生三子長曰嘉爲奉車都尉其六世孫純爲南陽太守生子曰章當順帝時爲冀州刺史又遷爲幷州有功於其人其子孫遂家於趙州其後至唐有味道者聖厤初爲鳳閣侍郞以貶爲眉州刺史而卒有子一人不能歸遂家焉自味道至吾之高祖其間世次皆不可紀而洵始爲族譜蘇轍欒城集端明墓誌銘云世家眉山東坡全集蘇廷評行狀云其先葢趙郡欒城人也誥案老泉者公以稱其父之墓也集有老泉焚黃文可證時惟蘇氏子孫稱之後兩宋文人震於其名皆相沿稱道遂謚以爲字舉目爲蘇老泉而有加以先生者矣玆在粤無嘉祐集偶得元明刊本而卷帙殘闕其名曰蘇老泉先生全集今姑承之稱老泉全集東坡全集稱本集詩集稱某註欒城集已首標其名矣後稱欒城集

宋仁宗景祐三年丙子十二月十九日乙卯時生王宗稷年譜云退之以磨蝎爲身宮而僕以磨蝎爲命若以磨蝎爲命推之則爲卯時生議者以十二月爲辛丑十九日爲癸亥丙子癸亥水

蘇文忠公詩編註集成總案　卷一　總案　一

光绪十四年浙江书局刻本《苏文忠公诗编注集成》书影

共999片、1933页，这也算是对苏公的一种纪念吧！这部书被丁申称为“皆觅善本，精校重刻，墨模线订，流传海内，后之藏书当珍逾宋元而上矣”。

浙江书局于光绪九年（1883）刻的《玉海》也是一部佳刻。《玉海》及附刻十三种，浙江书局重刻时因久无善本，遂以文澜阁《四库全书》抄本为底本，用元刻本校之，并检原引之书空缺，均以加校补，其无可校补者仅缺一百二十二第十一号一叶，又缺四五字者计十余处，详附书后《校补琐记》。附刻十三种的《诗考》等六种用“津逮丛书”本、“学津讨原”本等加以校勘；《小学绀珠》则用日本袖珍本校；《周易郑氏注》用惠栋、孙堂本校；《践阼篇》《王会篇》则以各本《大戴礼纪》《逸周书》校。至于《汉书·艺文志考》等因无别本他本可校，则就原引之书校之。书末又附有张大昌《校补琐记》，详述始末。《玉海》一书为浙江书局所刊精品书之一，至今犹在发挥作用。1987年，江苏古籍出版社、上海书店出版社据浙江书局本重新影印出版，亦认为浙江书局本“是现存比较完好的版本”。

以上属举例性质，浙江书局所刻精品书尚不止这些，他者如李焘的《续资治通鉴长编》，此书嘉庆间始有常熟张金吾爱日精舍活字本，系据杭州何梦华传抄文澜阁本排印，文字有错讹。光绪五年（1879），黄以周等以张本为据，用文澜阁《四库全书》本加以校勘。黄以周等又在朱彝尊所作《长编跋》的启发下，从宋杨仲良的《皇宋通鉴长编纪事本末》中辑录文澜阁本所缺的治平四年（1067）到熙宁三年（1070）、元祐八年（1093）七月至绍圣四年（1097）以及徽、钦两朝史事，写成《拾遗》六十卷补上。此书一经出版，即被学界认为是当时最好的本子。

杭州自宋以来，即为雕版印刷业最为发达地区。宋

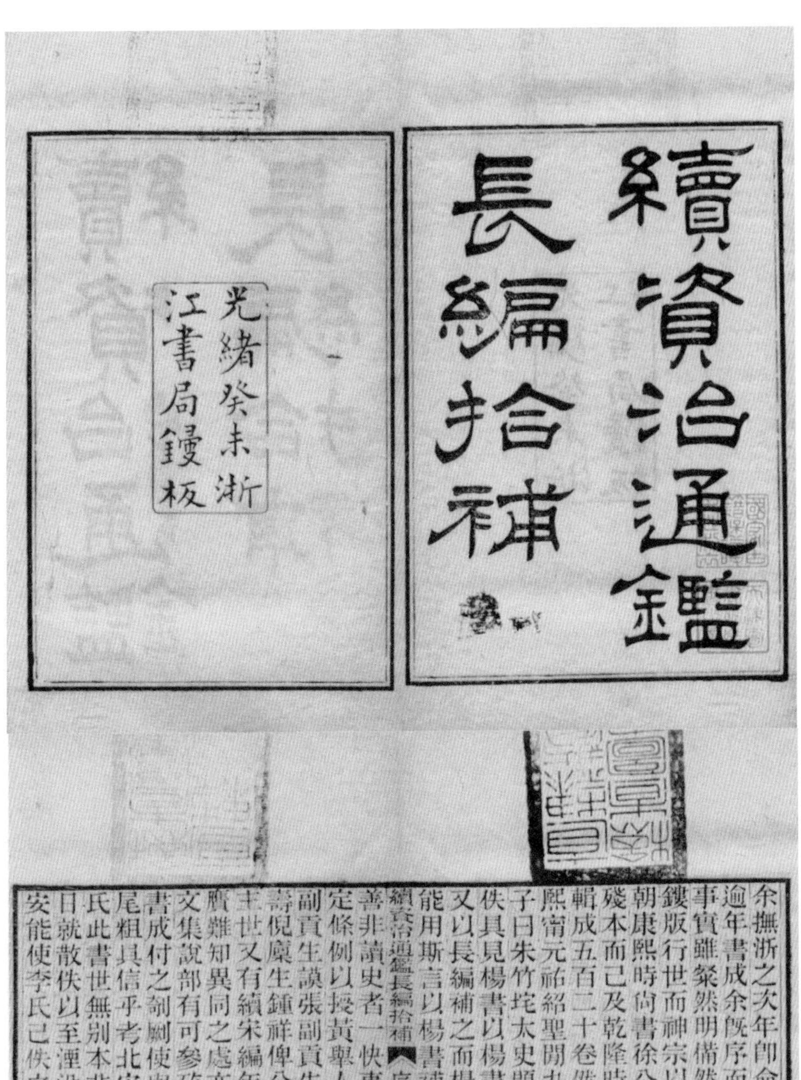

續資治通鑑長編拾補

光緒癸未浙江書局鏤板

余撫浙之次年即命書局刊刻宋李文簡續通鑑長編逾年書成余既序而行之矣顧李氏此書於北宋一代事實雖粲然明備然久罕全本自建隆至治平當時雖鏤版行世而神宗以下則止寫本流傳世亦罕見我朝康熙時尚書徐公乾學所呈進者亦惟建隆至治平殘本而已及乾隆時修　四庫全書乃從永樂大典中輯成五百二十卷然徽欽兩朝則仍佚焉又佚去治平熙甯元祐紹聖閒九年事讀者憾之余因語局中諸君子曰朱竹垞太史題楊仲良長編紀事本末云長編所佚具見楊書以楊書補長編而李書可全楊書之所闕又以長編補之而楊書亦可全此論實獲我心諸君子能用斯言以楊書補長編使數百年俄空之書復得完

續資治通鑑長編拾補　序　一

善非讀史者一快事乎諸君聞之咸樂以從事余乃粗定條例以授黃舉人以周馮舉人一梅濮吉士子潼陳副貢生譔張副貢生大昌王拔貢生崇鼎王廩貢生詒壽倪廩生鍾祥俾分任其事大要以楊氏紀事本末爲主世又有續宋編年資治通鑑一書亦題李燾撰雖眞贋難知異同之處亦多可采則附註其下而凡宋時人文集說部有可參攷者亦附見焉用原書攷異之例也書成付之剞劂使與原書俱傳自是以往李氏長編首尾粗具信乎考北宋遺事者必以此爲淵海矣嗟乎李氏此書世無別本非余力任校刊則數百年後要知不日就散佚以至湮沒無傳而非諸君子與我同志則亦安能使李氏已佚之書復還舊觀且綱羅放失有加於

光绪年间浙江书局刊印《续资治通鉴长编》书影

有“今天下印书，以杭州为上”之誉，元代九十余年间优势仍在，明时为全国四大书籍流通市场之一，万历间书籍插图当属全国首创，而晚清浙江书局的印书，是杭州刻板印书文化最后的辉煌，一朵灿煌的鲜花。至民国时，雕版印刷为机器印刷所替代，则无遑细论也。

参考文献

1. 姜丹书:《雷峰塔始末及倒出的文物琐记》，载氏著:《姜丹书艺术教育杂著》，浙江教育出版社，1991 年。

2. 〔宋〕苏轼撰，孔凡礼点校:《苏轼文集》，中华书局，1986 年。

3. 〔宋〕周密:《齐东野语》，中华书局，1983 年。

4. 〔元〕脱脱等:《宋史》，中华书局，1977 年。

5. 王国维:《五代两宋监本考 两浙古刊本考》，国家图书馆出版社，2018 年。

6. 赵万里:《中国印本书籍发展简史》，《文物参考资料》1952 年第 4 期。

7. 〔宋〕沈括著，胡道静校证:《梦溪笔谈校证》，上海古籍出版社，1987 年。

8. 张秀民:《中国印刷史》，上海人民出版社，1989 年。

9. 钱存训:《中国雕板印刷技术杂谈》，香港《明报》月刊 1988 年 5 月号。

10. 傅增湘:《藏园群书题记》，上海古籍出版社，1989 年。

11. 鲁迅:《中国小说史略》，上海古籍出版社，2006 年。

12. 〔清〕黄丕烈著，潘祖荫辑，周少川点校:《士礼居藏书题跋记》，书目文献出版社，1989 年。

13. 李盛铎著，张玉范整理:《木樨轩藏书及书录》，北京大学出版社，1985 年。

14. 〔清〕丁丙著，曹海花点校:《善本书室藏书志》，浙江古籍出版社，2016 年。

15. 〔宋〕陆游著，钱仲联校注:《剑南诗稿校注》，上海古籍出版社，2005 年。

16. 〔明〕胡应麟:《少室山房笔丛》，上海书店出版社，2001 年。

17. 龚嘉俊修，李榕纂:民国《杭州府志》卷七《桥梁一》，

《中国地方志集成·浙江府县志辑》,第1 册,上海书店出版社,1993 年。

18.顾志兴:《浙江印刷出版史》,杭州出版社,2011 年。

特别鸣谢

杜正贤　王福群　王光斌（系列专家组）

魏皓奔　赵一新　孙玉卿（综合专家组）

夏　烈　郑　绩（文艺评论家审读组）

图片作者

杭州市文物保护管理所　故宫博物院

未　曾　武　超　周兔英　姚建心

（按姓氏笔画排序）